Attila Albert

ICH WILL DOCH NUR MEINEN JOB MACHEN

REDLINE | VERLAG

ATTILA ALBERT

ICH WILL DOCH NUR MEINEN JOB MACHEN

Warum man am Arbeitsplatz nicht immer gleich die Welt retten und mit allen befreundet sein muss

Bibliografische Information der Deutschen Nationalbibliothek:
Die Deutsche Nationalbibliothek verzeichnet diese Publikation in der Deutschen Nationalbibliografie; detaillierte bibliografische Daten sind im Internet über http://d-nb.de abrufbar.

Für Fragen und Anregungen:
info@redline-verlag.de

2. Auflage 2022

Türkenstraße 89
D-80799 München
Tel.: 089 651285-0
Fax: 089 652096

Redaktion: Monika Spinner-Schuch
Umschlaggestaltung: Marc Fischer
Umschlagabbildung: koya979/ Shutterstock
Satz: ZeroSoft, Timisoara
Druck: GGP Media GmbH; Pößneck
Printed in Germany

ISBN Print 978-3-86881-884-0
ISBN E-Book (PDF) 978-3-96267-414-4
ISBN E-Book (EPUB, Mobi) 978-3-96267-415-1

Wir produzieren nachhaltig
www.m-vg.de

Weitere Informationen zum Verlag finden Sie unter

www.redline-verlag.de

Beachten Sie auch unsere weiteren Verlage unter www.m-vg.de

INHALT

SCHÖNE NEUE ARBEITSWELT

Was waren das noch für angenehme Zeiten, als man einfach zur Arbeit gehen konnte, um seinen Job zu erledigen, Geld zu verdienen und danach den Feierabend zu genießen! Heute soll man immer gleich »die Erde retten«, Teil einer gesellschaftlichen »Revolution« werden, mit Chefs* und Kollegen befreundet sein und seine persönliche Erfüllung im Job finden. Ein Tarifgehalt, ein Büro mit etwas Privatsphäre oder die vertraglich zugesagten Arbeitszeiten gibt's dafür allerdings nicht unbedingt. Das Management muss schließlich auch Prioritäten setzen, und das sind andere als Ihre.

Eben noch hatten die Unternehmen schon genug damit zu tun, ihre Kunden und Mitarbeiter zufriedenzustellen. Jetzt sind alle auf dem Weltverbesserungs-Trip – zumindest vorgeblich. Gleichzeitig werden der interne Ton verspannter und ungemütlicher, das Firmenklima frostiger. Die erklärte globale Harmonisierung sorgt eher für Misstöne.

Kein Wunder, dass viele Berufstätige heute bereits einen Therapeuten brauchen, wenn sie nur zur Arbeit gehen, einen Partner und zwei Kinder haben. Selbst die Singles müssen mit 40 bereits ihr drittes Sabbatical beantragen, um den neuen Wahnsinn *New Work* überhaupt durchzustehen!

---

* Hinweis: Dieses Buch ist in klassischem Deutsch verfasst, also im generischen Maskulinum. Diese grammatikalische Form meint weder nur Männer noch werden Frauen »mitgemeint«. Es spezifiziert gar kein biologisches Geschlecht, sondern ist darauf bezogen neutral.

Das beginnt schon mit den Großraumbüros, die ganz toll fürs *Teambuilding* sein sollen – aber nicht so sehr, dass sich die Führungskräfte, die sie beschlossen haben, das auch selbst antun würden. Aus dem Einzelbüro in der Vorstandsetage lässt sich eben immer noch am leichtesten verkünden, dass alle anderen *agiler, flexibler* und *disruptiver* werden müssen. Weiter unten sind manche schon nicht einmal mehr mit einem eigenen Schreibtisch belastet, der sowieso ein falsches Heimatgefühl am Arbeitsplatz vermittelte. Ein *Flex-Desk* macht jeden Morgen spannend: Wird man ein freies Plätzchen finden, muss man allein in der Kantine arbeiten, und wo sind die lieben Teamkollegen diesmal?

Wer sich bisher über lästige Telefonanrufe am Arbeitsplatz geärgert hat, darf sich ebenfalls freuen. Auch die Festnetzanschlüsse hat das Management dankenswerterweise gekündigt. Es ist ja viel aufregender, mit einem Funktelefon zu probieren, aus einem abgeschirmten Stahlbetongebäude nach draußen zu telefonieren oder Internet-Telefonie zu genießen. Sowieso sind Microsoft Teams, Trello, Slack und Jabber spannender, bitte aber alles gleichzeitig und neben Outlook.

Die alltäglichen Probleme im betrieblichen Umfeld sind gelöst, die Umsatz- und Gewinnziele spielend zu erreichen, der Wettbewerb aus den USA und China zu vernachlässigen. Daher ist es dem Management jetzt möglich, größer zu denken, nämlich sämtliche gesellschaftliche Fragen am Arbeitsplatz anzugehen, das Klima oder gleich den Planeten insgesamt zu retten, der nur wie durch ein Wunder die letzten 4,6 Milliarden Jahre allein überlebt hat. Aber jetzt ist das *Sustainability-Team* dran, und die PowerPoint dafür steht schon mal!

Vorbei sind die unambitionierten Zeiten auf LinkedIn, als die Plattform nur eine Resterampe für Eigen- und Firmen-PR ohne Rücksicht auf Zielgruppen oder Interessen war. Hier pries jemand »Innovationen aus dem Bereich der technischen

Hausdämmung«. Dort einer »unsere Lösungen im Bereich der Just-in-Time-Produktion«. Interessierte zwar keinen, aber der eigene Chef sah es gern. Eventuell konnte man ihn sogar in einem Winke-Gruppenfoto markieren: »Design-Thinking-Workshop mit unserem genialen Team! You rock, guys!«

Selbstüberhöhung ist jetzt Angestelltenpflicht

Die moralische Selbstdarstellung ist jetzt oberste Angestelltenpflicht, und dank der klugen Führung unserer Unternehmensleitungen, Politiker und Aktivisten haben sich schon viele Berufstätige begeistert angeschlossen. Es ist beispielsweise heute sehr wichtig, unter der Arbeitgeber- und Positionsangabe öffentlich zu verkünden, welche Partei man wählen würde, was von Israel zu halten ist, dass man privat zu einer Wahrsagerin geht und Drogen nimmt – »aber nur medizinische«, wie es der Yoga-Lehrer auf Bali geraten hat. Wer mehr dazu wissen will, möge bitte einmal in den neuen »Achtsamkeits-Podcast« reinhören. Auch vorbildlicher eigener Veganismus wird weiterhin gern erwähnt, nachdem Gluten-Unverträglichkeit irgendwie gewöhnlich geworden ist. Da ist ja Impfskepsis noch interessanter!

Aber unter der Weltrettung macht es inzwischen eigentlich keiner mehr. So kündigt ein Textilkonzern mit angeschlagenem Ruf öffentlich an, er wolle direkt »die Zukunft des Planeten neu schreiben«. Eine Managerin der Firma teilt es auf ihrem Profil mit dem Hinweis: »Das ist einfach unglaublich! Bei Projekten wie diesen hat der Planet möglicherweise eine zweite Chance.« Die Kommentare gehen in die Richtung des Beliebtesten: »Super ermutigend! Ich hoffe, eine kommerzielle Skalierung ist bald möglich.« Da LinkedIn praktischerweise gleich vorgefertigte Phrasen anbietet, kann man für die eigene Antwort bequem einfach eine davon klicken. »Love this!« Die meisten Reaktionen kommen selbstverständlich von Beratern aller Art, die ganz eigennützig hoffen, für ihren öffentlichen Enthusiasmus mit ein paar schönen Projekten belohnt zu werden.

Kein Wunder, dass »New Work« nach Aldous Huxleys »Brave New World« klingt, seinem visionären Roman von 1932 über eine Zukunft, in der schon die Kleinkinder indoktriniert und alle dankbar von einer Elite regiert werden, die drei Ziele hat: »Gemeinschaftlichkeit, Einheitlichkeit, Beständigkeit«. Steht das, ganz ehrlich, nicht inzwischen so in ungefähr jedem Nachhaltigkeitsbericht?

Ein Freudenfest der Schleimerei

Wer einfach nur seinen Job machen will, muss sich heute erst durch ein Gestrüpp aus Scheinheiligkeit und Heuchelei kämpfen. Stellt eine Firma ihre neue Führungsriege oder die Preisträger einer Auszeichnung vor, wird sofort durchgezählt. Meist wird beklagt, dass zu wenige Frauen dabei sind, auch wenn es der Verband der Kiesmaschinenhersteller oder Servermechaniker ist, für den man selbst nie arbeiten würde. Auch mehr *PoC (People of Color)* – das klingt netter als das deutsche »Farbige« – müssen es sein. Sind es doch einmal viele Frauen, könnte der Vorwurf lauten, dass das ja alles *cis-Frauen* seien, also einfach so als Frauen geboren. Ob man das etwa als »trans-feindlich« verstehen müsse? Kurz: Rassismus und Sexismus vom Feinsten, diesmal aber von der guten Sorte. Ein Bewerber über 50 oder ohne Studienabschluss sollte man dagegen nicht sein. Für diese unattraktive Randgruppe gibt es leider keine engagierte Lobby. Wer sich als Arbeitnehmer derart gehen lässt, dass er älter wird oder gar ein weißer Mann ist, dem ist sowieso nicht mehr zu helfen. Für diese ganz falschen Entscheidungen muss jeder selbst die Konsequenzen tragen.

Schnell mal durcheinander

Mancher kommt in der schönen neuen Arbeitswelt ganz durcheinander und sucht noch immer »Kolleginnen oder Kollegen«, tragisch altmodisch *gender-binär* gedacht – immerhin gutwillig separat angesprochen, also ein wenig fortschrittlich. Aber laut Gesetzgeber sollen sie nun doch »männlich, weiblich oder divers« oder gleich »geschlechtsneutral« sein, wobei nicht ganz klar ist, ob das nur für die Ausschreibung gilt oder bereits Bewerbungsbedingung ist.

Ganz Verwegene wechseln schon zum generischen Femininum, auch wenn experimentelle Privatgrammatik alle verwirrt. »Wir suchen engagierte Mitarbeiterinnen, sie dürfen auch Männer sein.« Profis lassen sich gar nicht mehr festlegen, sondern machen ihre *Identität* von der Tagesform abhängig.

Wer Solidarität zeigen will, die nichts kostet, nutzt die Gelegenheit, nun hinter seinem Namen öffentlich zu vermerken, dass er als Mann mit »er« bzw. als Frau mit »sie« angesprochen werden will. Das haben zwar sowieso schon immer alle gemacht. Aber eventuell ermutigt diese Geste ja diejenigen, die es gern anders hätten – und wenn nicht, gibt's zumindest Sympathiepunkte und die schöne Chance, jemanden zurechtzuweisen, der diese Sensibilität nicht zeigen will.

Ein Freudenfest der Schleimerei also, und wer nun wirklich keinen Opferstatus anführen kann, der kann sich immer noch als irgendwie moralisch Mitschuldiger öffentlich selbst anklagen und durch ein reumütiges Pseudo-Geständnis in den Mittelpunkt rücken. So wie der grauhaarige Journalist einer Hamburger Illustrierten, der seinen Artikel zum Thema »Je bunter die Belegschaft, desto erfolgreicher die Firma« mit diesem Satz begann: »Die Zeit der grauen Herren ist vorbei.« Einsicht ist doch immer noch der erste Schritt zur Besserung.

Branchenweit bekannte Machos überraschen heute mit der öffentlichen Erklärung, sich schon immer für *Diversity* eingesetzt zu haben, für *Nachhaltigkeit* ebenso. Beides sei ihnen ein Herzensanliegen. Deshalb beraten sie als neue Spezialisten auch gern diejenigen, die noch nicht so weit sind. Leute, die mehrmals jährlich um die Welt fliegen, stellen sich plötzlich als *Klimapioniere* vor, denen die *Klimakrise* schon immer sehr nah gehe. Natürlich nicht so nah, dass sie nicht mehr fliegen, in eine kleinere Wohnung ziehen oder ohne Auto leben würden. Aber unter das Posting einer Airline kann man schon mal empört schreiben, dass die Preise »kriminell niedrig« seien. Sollen die Armen doch daheimbleiben!

Das Recht, in Ruhe gelassen zu werden

Möglicherweise aber gehören Sie zu der Randgruppe, die für sich noch das Recht reklamiert, in Ruhe gelassen zu werden. Sie wollen einfach nur Ihren Job machen, ohne am Arbeitsplatz immer gleich die Welt retten und mit allen befreundet sein zu müssen. Dann ist dieses Buch für Sie. Es beschäftigt sich mit den neuen Zumutungen der Berufswelt, vom anmaßenden Moralismus bis zu raffinierten psychologischen Manipulationen. Sie erfahren aus meiner Coaching-Praxis, wie Sie sie erkennen und wie Sie sich wehren können, um wieder selbstbestimmter und freier arbeiten zu können.

Ich bedanke mich bei meinen Klienten, die mir erlaubt haben, ihre Geschichten hier anonymisiert zu erzählen, damit andere von ihren Erfahrungen profitieren können. Wir nehmen dabei, wie schon in meinen Büchern »Ich mach da nicht mehr mit« und »Perfektionismus ist ein Arschloch« nicht alles so ganz ernst. Manche werden das nicht witzig finden. Aber wer keinen Humor hat, behauptet ja sowieso immer, beim Lachen nur besonders anspruchsvoll zu sein. Dabei ist Humor heute eine zwingende Kernqualifikation, wenn man in diesem Umfeld noch bei Verstand bleiben will.

Selbstverständlich stehen hinter all diesen Erscheinungen ehrenwerte, wichtige und grundsätzlich positive Anliegen. Für mehr Gleichberechtigung, Rücksichtnahme und Einbeziehung beispielsweise für diejenigen, denen es bisher daran fehlte. Das soll unterstützt werden, aber nicht auf eine Weise, die selbst das Gegenteil von dem tut, was sie von anderen einfordert. Der beste Zweck heiligt nicht alle Mittel, sondern muss sich an den eigenen Ansprüchen messen lassen. Sie haben bei den entsprechenden Diskussionen mit Profis zu tun, die routiniert darin sind, ihre Eigeninteressen als Gemeinwohl zu verkaufen. Da ist der gewinnorientierte Konzern heute ebenso geschickt wie die spendenfinanzierte NGO oder der einzelne Social-Media-Aktivist. Sie dürfen dabei also durchaus Ihre eigenen Interessen vertreten und müssen sich nicht für alle Kämpfe einspannen lassen.

Lassen Sie sich also nicht länger damit erpressen, dass Sie zu allem eine *Haltung* haben müssten, die Ihnen natürlich andere vorschreiben wollen. Entscheiden Sie selbst, an welcher Stelle und wofür Sie sich engagieren wollen (oder auch nicht) und wo Sie zukünftig stärker trennen werden: »Dienst ist Dienst, und alles andere ist meine Sache.«

Attila Albert

DIE SIEBEN PSYCHO-TRICKS DER CHEFS

Ihren guten Willen ausnutzen, eine höhere Mission vorschieben und jede Verantwortung auf Sie abwälzen: Mit sieben psychologischen Tricks und moralischen Erpressungen versuchen Chefs heute, Sie zu manipulieren.

Erinnern Sie sich noch daran, als es überall hieß, dass sich die *Work-Life-Balance* erledigt hätte? Das wäre ein überholtes Konzept, so 90er-Jahre, geradezu rührend altmodisch. Die Gutgläubigen unter uns waren begeistert. Das konnte nur heißen, dass man auch bei einer Vollzeitstelle zukünftig regelmäßig schon nach sechs Arbeitsstunden nach Hause dürfte, um sich verstärkt Familie, Hobbys und Ehrenämtern zu widmen. Eine gelegentliche dienstliche E-Mail nach Feierabend war für diese neue Freiheit doch ein lächerlicher Preis!

Heute kennen wir das Ergebnis: mehr Arbeit, weniger Leben. Wer Balance will, soll zum Yoga. Ein langweiliger Arbeitsvertrag wie zu alten Zeiten, unbefristet und mit Weihnachts- und Urlaubsgeld in Höhe je eines Monatsgehaltes? Das ist nur noch etwas für Leute, die nicht verstanden haben, dass es heute um Größeres geht, nämlich um *Purpose*, wie ihn der CEO auf der Managertagung auf Korsika für alle definiert hat, der sich ausweislich seines Millionengehaltes am besten auskennt. Falls Sie nicht aus besserem Hause stammen, also für Ihren finanziellen Lebensunterhalt arbeiten und nicht zur persönlichen Sinnfindung, haben Sie natürlich Pech gehabt. Diese Umstellung hat ihre Vorteile, aber nicht für Sie.

Wenn Ihnen jemand vor einigen Jahren gesagt hätte, dass Sie sich einmal freiwillig einen Arbeitsrechner und einen selbst gekauften Drucker mit Scanner-Funktion in der Wohnung installieren würden, um bis Mitternacht gratis für die Firma weiterzuarbeiten – Sie hätten laut gelacht! So etwas machten doch früher höchstens die Japaner.

Für die Zukunft, ungefähr für das Jahr 2000, hatten die Experten schließlich versprochen, dass die Wohnung die Arbeit sogar allein erledigen würde. Kauft Ihr Kühlschrank inzwischen selbst ein, putzt ein Roboter – oder rennen Sie noch immer nach Ihren unbezahlten Überstunden erst zur Kita, dann zum Discounter, bevor Sie sich an die Hausarbeit machen, weil Ihr Partner ebenfalls am Ende ist?

Die Führungskräfte schweben derweilen längst in höheren Sphären und fühlen sich ermächtigt, in jedem privaten Lebensbereich ihrer Angestellten mitzureden. Sie sind sich persönlich nicht sicher, ob Sie *Fridays for Future, Black Lives Matter* oder die *LGBTQ-Bewegung* gut finden oder haben gar keine Meinung dazu? Kein Problem und nicht mehr notwendig. Die Konzernleitung hat bereits ein *Statement* auch in Ihrem Namen veröffentlicht und das Unternehmenslogo passend eingefärbt. So laufen Sie bequem automatisch als Unterstützer mit, egal, was Sie privat so denken.

Mancher ist aus der Kirche ausgetreten, nur um festzustellen, dass die Moralprediger jetzt in der Chefetage sitzen. Die Welt rettet sich schließlich nicht von selbst. Da muss man schon ein paar Sonderschichten in Talkshows und auf Social Media einlegen. Wenn es ganz hart kommt für den Planeten, ist sogar noch ein mahnender Meinungsbeitrag für LinkedIn oder besser ganz edel für die *Frankfurter Allgemeine Zeitung* notwendig. Den kann der unterbezahlte PR-Assistent formulieren, es geht ja schließlich um seine Zukunft. Jedenfalls darf man das nicht mehr alles Margot Käßmann überlassen.

Der CEO ist schon für sein Studium zwischen Princeton, Oxford und München hin- und hergejettet und hat danach auf drei Kontinenten gelebt, kennt die Klimaproblematik also am besten, da aus eigener Anschauung. Auf sein Urteil darf man als Mitarbeiter daher vertrauen. Zwar weiß man von seiner Sekretärin, dass er für den Familienurlaub diesmal Dubai und die Malediven kombiniert, denn die Gattin mag nicht mehr in Hongkong shoppen. Aber man muss ja schließlich einmal aus dem 300-Quadratmeter-Penthouse oder der Villa mit Seeblick rauskommen, und zwar nicht immer nur zum Charity-Golfen für die Presse!

Der Geschäftsführer erzählt gleichzeitig sehr berührend von *Nachhaltigkeit*, die selbstverständlich aber nicht greift, wenn es um ausreichend viele Mitarbeiter oder Budgets für all die Projekte und Einzelaufgaben geht. Von *Vielfalt*, außer bei älteren Bewerbern, die zu teuer und bekanntermaßen auch noch widerspenstig sind. Von *Inklusion*, außer für diejenigen, die man nicht mehr gut findet.

Nur die ganz Naiven stellen noch logische Fragen:

- »Ihr kriegt kein stabiles WLAN auf unserer Etage hin, seid aber sicher, dass Ihr das Weltklima im Jahr 2100 aufs Grad genau regeln könnt?«
- »Tariflöhne sind nicht drin. Ein bisschen kostenloses Wasser und Äpfel sollen der Ausgleich sein. Aber an der globalen Gerechtigkeit seid Ihr dran?«
- »Es ist nicht möglich, die Firmencomputer auf MS Office aus diesem Jahrhundert zu aktualisieren, aber die Gesellschaft umzubauen soll klappen?«

Als ob daran überhaupt jemand glauben würde! Der Chef ist doch nicht der barmherzige Samariter aus der Bibel, der still hilft und anfallende Rechnungen selbst bezahlt. Wenn da nicht mindestens ein TED-Talk, ein Gastbeitrag für eine Branchenkonferenz oder wenigstens ein Imagevideo rauskommen, kann man es gleich ganz lassen. Die Weltverbesserung beginnt schließlich mit der Absichtserklärung auf großer Bühne, mit ausgreifenden Forderungen an alle anderen. Die Kosten werden später dezent durchgereicht. Solche Details interessieren nur noch die Kleingeister.

Wer mit seinem Einkommen nicht mehr klarkommt, kann ja *bewusst weniger ausgeben*, zum Beispiel mit 35 noch immer in einer WG wohnen und behaupten, dass er sich aus ökologischen Gründen kein Auto leisten möchte. Oder vom *bedingungslosen Grundeinkommen* reden, dem märchenhaften Schlaraffenland für moderne Akademiker, die von leistungsgerechten Einkommen nicht mal mehr träumen. Das Wort *Arbeitnehmer* hat eine neue Bedeutung bekommen: Man braucht Nehmer-Qualitäten, muss also einstecken können.

Keine Ehrfurcht vor Schlagworten

Was ist Ihr *Purpose*, sind Sie auch für *Diversity*, stimmt Ihre *Performance*? Auf Englisch klingen selbst die größten Banalitäten schmissig und bedeutungsvoll. Lassen Sie sich davon nicht mehr blenden. Übersetzen Sie grundsätzlich ins Deutsche. In den genannten Beispielen: *Zweck*, *Vielfalt* und *Leistung*. Fast immer wird damit klar, wie beliebig und vage derartige Schlagworte sind, wenn sie nicht näher definiert, ihnen beispielsweise Kriterien und Zielwerte zugeordnet werden. Ohne diese sind sie fast bedeutungsfreie Phrasen.

Eine gewisse Ernüchterung hat jeder nach einigen Berufsjahren hinter sich. Das ist normal und gar nicht schlecht. Mit pragmatischem Realismus arbeitet es sich noch immer engagiert, aber mit realistischeren Erwartungen. Doch nun sind es die Arbeitgeber, die vielfach jeden Realitätssinn abgelegt haben – bei ihren unternehmerischen Zielen, aber auch bei ihren sonstigen Visionen. Als Arbeitnehmer ist man plötzlich ungefragt mittendrin und soll mitmachen, obwohl man das so gar nicht wollte.

Wie konnte es zu all dem überhaupt kommen? Dafür haben sich die Experten unter den Chefs sieben raffinierte Methoden einfallen lassen: psychologische Tricks und moralische Erpressung, um Sie für den eigenen Vorteil geschickt zu manipulieren und Ihnen das mit einem Lächeln noch als *in Ihrem besten Interesse* zu verkaufen. Wer das durchschaut, entzieht sich ihrer Macht schon ein wenig.

Ihren guten Willen ausnutzen

»Unsere Firma geht seit Längerem durch einen Strukturwandel«, berichtete mir der Ingenieur eines Industriekonzerns. »Wir haben alle schon mehrmals Kurzarbeit akzeptiert, trotzdem praktisch mehr gearbeitet. Die meisten Extras sind verschwunden. Wer neu dazukommt, verdient sowieso 30 bis 50 Prozent weniger. Aber dann lese ich in der Zeitung, dass unser Vorstandschef weiterhin sein zweistelliges Millionengehalt kassiert und sich gerade die dritte Villa kauft. Er braucht mehr Platz für seine Kunstsammlung!«

Der einfachste Trick von klugen Chefs ist, an Ihren guten Willen zu appellieren: »Wir sitzen doch alle im selben Boot«, »Wir müssen jetzt zusammenhalten«. Die meisten Menschen wollen helfen, wenn sie von einer Notlage erfahren oder glauben, dass ihr Verzicht einer guten Sache dient. Umso größer die Enttäuschung, wenn sie anschließend feststellen müssen, dass die einen hauptsächlich gefordert und sie selbst weitgehend allein geleistet haben. Gutgläubige zahlen immer drauf. Wer ein gewinnorientiertes, gar ein börsennotiertes Unternehmen für eine Solidargemeinschaft hält, wird feststellen, dass diese rührend naive Sicht nur für ausgewählte Teile der Belegschaft gilt, oft sogar nur für einzelne Mitarbeiter. Es gibt nun einmal widersprüchliche Interessen zwischen Eigentümern, Führung und Angestellten. Lassen Sie sich also nicht von idealistischem Gesäusel einlullen. Im Job müssen Geben und Nehmen ausgewogen sein, und die Balance ist Ihre Verantwortung.

Höhere Mission vorschieben

Ein innovatives Gastronomie-Start-up in Zürich stellte sich kürzlich mit der Mission vor, durch vegane Küche mal wieder »unseren Planeten zu retten«. Per Stellenanzeige suchte es einen Webentwickler sowie einen Küchenmitarbeiter in Schichtdienst, der auch das Lebensmittellager verwalten und putzen sollte. Die Bezahlung dafür? »Das ist eine unbezahlte Position. Bitte bewerben Sie sich nicht, wenn das für Sie nicht funktioniert.« Ein Mittagessen gäbe es, und Fahrtkosten würden erstattet. Wer mehr will, passt nicht ins Team.

Bei diesem Trick argumentieren Chefs mit einer höheren Mission. Wer hochfliegende, am besten gleich weltverändernde Ambitionen verkündet, sieht sich dadurch berechtigt, sich nicht mehr von den banalen Alltagswünschen anderer aufhalten zu lassen. Ein Mitarbeiter, der angesichts dieser Vorhaben noch ein angemessenes Gehalt, geregelte Arbeitszeiten und vernünftige Bedingungen fordert, kann nur ein unverantwortlicher, ignoranter Egoist sein!

Doch Sie nehmen nur Ihre berechtigten Eigeninteressen wahr, wenn Sie auf die Gegenleistung achten. Wer sollte für Sie einstehen, wenn nicht Sie? Tatsächlich gibt es Arbeitgeber, die sich für ihre Mitarbeiter einsetzen. Verlassen können Sie sich darauf nicht. Ansonsten gilt: Der beste Plan für die angebliche Weltverbesserung ist undurchdacht und unglaubwürdig, wenn er bereits bei den zuerst Betroffenen scheitert – nämlich bei denen, die ihn praktisch umsetzen sollen.

Verantwortung auf Sie abwälzen

»Ich war so stolz, als ich die Leitung der Marketingabteilung bekam«, sagte mir eine Klientin, die in einem Medienunternehmen arbeitete. »Doch schon am zweiten Tag merkte ich, dass man mich total getäuscht hatte. Die Kollegen, auf die ich angeblich zugreifen konnte, waren schon durch andere Teams völlig ausgelastet. Mehr Budget wurde abgelehnt. Als ich darüber mit der Geschäftsführung diskutieren wollte, hieß es nur: Sie haben doch alle Freiheiten. Nutzen Sie sie!«

Der Trick hier: Die Verantwortung an Sie delegieren, aber ohne die dafür notwendigen Kompetenzen und Ressourcen. Gerade aufstrebende Frauen finden sich oft in zu niedrig bezahlten Positionen in undankbaren, teilweise unlösbaren Umständen wieder, die ihnen auch noch als »Chance« untergejubelt wurden. Die Männer, wenn sie nicht sowieso für die interne Quote übergangen werden, melden sich da inzwischen lieber gleich in den Vaterschaftsurlaub ab.

Wer sich unter solchen Umständen nicht schnell aufreiben will, muss zügig handeln. Schnell noch versuchen, nachzuverhandeln – oder sich verabschieden. Manche Vorstände kennen die Probleme ihrer Bereiche und Abteilungen seit 15 Jahren genau, wollen sie aber partout nicht lösen und schicken lieber immer noch einen engagierten Neuling in die Schlacht, die lange verloren ist. Mit diesen Kämpfen gewinnen die Chefs Zeit, alle anderen bluten aus. Achten Sie also darauf, ob sich Ihr lobenswerter Einsatz überhaupt lohnt.

Nachteile zu Vorteilen erklären

Bei den Stellenanzeigen hat es sich unterdessen eingeschlichen, unter »Wir bieten« noch einmal das Gleiche aufzuführen wie bei den Anforderungen, nur anders formuliert: viel Arbeit (»anspruchsvolles Umfeld, großer Handlungsspielraum«), unterbesetztes Team (»flache Hierarchien, kurze Entscheidungswege«), endlose Meetings (»inspirierender Austausch mit großartigen Kollegen«) und ein Jahresvertrag mit sechs Monaten Probezeit (»langfristige Perspektiven«).

Diese Täuschungslyrik ist klar von den Immobilienanzeigen inspiriert, in denen auch jede verschnittene Hütte zum »charmanten Bijou mit originellem Grundriss« wird. Der Trick hier: Alle Nachteile zu Vorteilen erklären und damit austesten, wie weit Sie sich für dumm verkaufen lassen. Ob Sie beispielsweise nicht rechnen können und ernsthaft glauben, dass »freie Getränke und Obst« das fehlende Tarifgehalt aufwiegen. Vielleicht klappt's ja mit Beschönigen!

Ein Arbeitsvertrag ist das Ergebnis einer Verhandlung. Es ist logisch, dass beide Parteien ihre besten Seiten herausstellen und die weniger günstigen verschweigen wollen. Das dürfen Sie ruhig auch machen, etwa eine längere Arbeitslosigkeit zum »inspirierenden Sabbatical« erklären oder einen langen Urlaub zur »persönlichen Weiterbildung« umdeuten. Sie sollten nur nicht auf die blumigen Fantasiegeschichten anderer reinfallen. Im Berufsleben zählen harte Realitäten: Einkommen, Aufgaben, Arbeitsbedingungen, Urlaub, Extras.

Mit Unterstellungen einschüchtern

Inzwischen hängt sich praktisch jedes Unternehmen an sämtliche Aktivistenbewegungen an, um nicht selbst noch ins Visier zu geraten und dem eigenen Image zu helfen. Das Firmenlogo in Regenbogenfarben? Sehr wichtig – außer in den heiklen Märkten im Nahen Osten, in Afrika und Asien. Für *Black Lives Matter* eintreten? Macht sich auf Instagram sehr gut, sollte aber nicht so weit gehen, dass es am Ende vielleicht noch ein schwarzes Management-Mitglied gibt.

Wer derartige Heucheleien oder Zweifel mit manchen Positionen anspricht, erlebt den nächsten Trick: Einschüchterung durch Unterstellungen. »Sie sind also nicht für universelle Menschenrechte?« Oder wenn Sie sich nicht ganz uneigennützig freuen können, wenn Ihnen eine 25-jährige Berufsanfängerin als Chefin vorgesetzt wird, damit die Firma endlich die interne Quote hochkriegt: »Kann es daran liegen, dass Sie Frauen keinen Erfolg gönnen, Sie alter Sexist?«

Einerseits ist es verständlich, dass Unternehmen so reagieren. Die engagierte Öffentlichkeit ist gnadenlos, und Vorstände sind auch nur ängstliche Angestellte, die keine Fehler machen wollen. Andererseits zeigt Ihnen das auch: Wenn das Top-Management derartig schnell einknickt und im Zweifel jedem minderjährigen Twitter-Nutzer nachgibt, der sich aufgeregt hat, brauchen Sie auch nicht mehr glauben, dass Sie da knallharte Kerle ohne jede Skrupel vor sich hätten.

Mit Schuldgefühlen manipulieren

Ähnlich funktioniert der Trick, Sie mit überzogenen Schuldgefühlen zu manipulieren. Sie sind in Ihrem Leben möglicherweise noch keine zehn Mal geflogen (wie 93 Prozent der

Deutschen laut Bundesverband der Deutschen Luftverkehrswirtschaft)? Irgendwie sind Sie damit aber trotzdem am Klimawandel mitschuldig. Immerhin schalten Sie doch auch täglich das Licht an und heizen im Winter! Wenn das kein skrupelloser Egoismus ist, kann Ihnen wirklich keiner mehr helfen.

Mütter setzen diese Methode seit Generationen erfolgreich ein, um den widerspenstigen Nachwuchs zu erziehen. Wenn beim Essen gemäkelt wird, sagen sie: »Woanders hungern die Menschen! In Afrika würden sich die Kinder darüber freuen.« Wenn beim Zähneputzen das Wasser weiterläuft: »In Afrika ist das Trinkwasser knapp und du verschwendest es!« Als ob nicht gegessene Mahlzeiten und ungenutztes Leitungswasser ansonsten direkt weiterverschickt würden.

Bei diesem Trick werden absichtlich die Relationen verwischt, um Sie einzuschüchtern: Was Ihr Anteil ist, aber auch, wie relevant Ihr möglicher Beitrag überhaupt wäre. Wenn 83 Prozent des Plastikmülls in den Ozeanen aus 20 Ländern (die meisten in Asien) kommen, sollten Sie zwar trotzdem Ihren eigenen Müll ordentlich entsorgen. Sich deswegen aber weder verrückt machen noch als Weltretter fühlen. Konzentrieren Sie sich auf Dinge, die objektiv etwas bringen.

Urteilsfähigkeit absprechen

Wer unentschuldbar naiv ist, glaubt noch immer, seine eigene Erfahrung würde ihm ein gewisses Urteil in eigener Sache erlauben. Das ist vorbei, seit zu allem »die Wissenschaft« angeführt wird. Ob der Bedarf an Frauenquoten, aber nur für die guten Jobs, die Vorteile eines Großraumbüros für das Team, nicht jedoch für die Chefs, oder die Vorzüge von »Design Thinking« gegenüber der bewährten, eigentlich gleichen Kundenbefragung – Experten werden es bestätigen.

Hier setzt der nächste Trick an: Ihnen die Urteilsfähigkeit absprechen, weil jetzt höhere Autoritäten gesprochen haben, sogar höher noch als der Vorstand und die Geschäftsleitung. Und da wollen Sie mit Ihren Praxiserfahrungen kommen? Vielleicht handelt es sich bei den angeblich unumstößlichen Erkenntnissen zwar nur um eine Umfrage, die eine Soziologie-Studentin in Australien unter zwölf Kommilitonen gemacht hat. Aber eben wissenschaftlich, nicht so wie Sie!

Echte Profis in der Wirtschaft wissen längst, dass sich in ihrem Bereich vor allem diejenigen am besten auskennen, die ihr berufliches Leben durchweg nur an Universitäten, im öffentlichen oder gemeinnützigen Dienst verbracht haben. Wer nie auch nur einen Kiosk selbst geführt hat, geht viel unverkrampfter direkt ans Mikromanagement der Weltwirtschaft. Für Sie heißt das, im Ernst, natürlich: Theorien anderer bedenken, aber immer mit Ihrer Praxis abgleichen.

Sie können auch weitermachen wie bisher

Selbstverständlich ist es immer auch erlaubt, einfach so weiterzumachen wie bisher. Sich über den Chef, das Unternehmen oder die Branche aufzuregen. Zu behaupten, dass man es selbst besser könnte, wenn man nur dürfte. Gelegentlich ein gedankenschweres Zitat auf Facebook zu teilen, am besten von Steve Jobs: »Ich habe jeden Morgen in den Spiegel geschaut und mich gefragt: Wenn heute der letzte Tag meines Lebens wäre, würde ich dann tun wollen, was ich heute vorhabe?« Aber danach keine Konsequenzen zu ziehen, so lange sich nicht der Traumjob direkt in der Nachbarschaft auftut. Denn schon ein Umzug ist eigentlich unzumutbar.

Eine angenehme Erleichterung ist auch, das *System*, die *Gesellschaft* oder die *Strukturen* verantwortlich zu machen.

Die fachkundigste Kapitalismuskritik kommt zuverlässig von Großstadt-Akademikern mit internationaler Studien- und Berufserfahrung in attraktiven Universitäts- oder Konzernjobs. Als besonders Benachteiligte unter uns wissen sie am besten, was sich ändern muss. Wer ihrer Hölle einmal ausgesetzt war, der weiß, wie der Himmel aussehen muss.

Das vielgescholtene *Patriarchat* sitzt zwar möglicherweise direkt neben einem auf der Couch, heißt Florian, Jürgen oder Marek und ist nur zu müde für die Hausarbeit. Aber anstatt sich weiter mit ihm herumzustreiten, kann man erst einmal Twitter mit Forderungen nach einem Systemumsturz vollschreiben. Krieg den Palästen! Der Trost der Gleichgesinnten ist ehrlicherweise nur so viel wert wie das, was die beste Freundin oder Mama bei Liebeskummer sagen: »Du bist so toll, er hat dich nicht verdient!« Trotzdem tut es gut zu wissen, dass man nicht allein ist.

Man kann auch weiter davon reden, dass es »in Frankreich« für berufstätige Eltern viel besser sei (minus dem Atomstrom und den Vorort-Unruhen). »In Skandinavien« sowieso generell alles (außer den Steuern, dem Wetter und der Dunkelheit). Wer aber weder ins innere noch ins äußere Exil gehen will, tut gut daran, einen anderen Weg auszuprobieren. Der erste Schritt dazu lautet, all den Einflüsterungen um sich herum entgegenzutreten, den gutgemeinten wie den nervigen, und seinen eigenen, selbstbestimmten Weg zu suchen. Das bedeutet vor allem, sehr viel häufiger Nein zu sagen, wo Sie sonst halt eben mitgemacht haben.

In den nächsten Kapiteln finden Sie ausführliche Fallbeispiele dafür, wie die psychologischen Manipulationen und moralischen Erpressungen in der beruflichen Praxis aussehen und wie Sie sich davon abgrenzen können. Einige werden Sie mehr betreffen als andere. Sie können jedoch aus allen Hinweise für Ihre Situation entnehmen. Sie erfahren, wie Sie sich gegen subtile und offene Übergriffigkeiten Ihres Arbeitgebers wehren und wieder ohne Angst und selbstbestimmt entscheiden. Selbstverständlich sind Sie frei darin und dazu ermutigt, positive Anliegen zu unterstützen. Dann aber freiwillig und zu Ihren Bedingungen, nicht vom Chef gezwungen.

Versuchen Sie dabei, sich gedanklich aus Ihrer aktuellen Situation zu lösen. Durchzuatmen und zurückzudenken, wie alles eigentlich einmal bei Ihnen begonnen hat, wo Sie derzeit stehen und wie es zukünftig am besten weitergehen soll. Vielleicht fühlen Sie sich gerade gefangen und Ihrem Chef ausgeliefert, weil Sie die Stelle wegen des Einkommens wirklich brauchen und keine Alternative sehen. Aber vertrauen Sie darauf, dass es eine für Sie gibt, sobald Sie mehr Klarheit haben und Ihre einstige Kraft wieder in sich spüren.

Eine Chance, eigene Überzeugungen und Werte stärker zu leben

Wenn Ihnen bestimmte Ansichten und Entwicklungen widersprechen, ist die Versuchung groß, sich vor allem mit Abwehr und Kritik zu beschäftigen. Mancher bewegt sich dabei selbst in extremen Positionen und entwickelt eine gewisse Obsession – in der Annahme, nur so noch ausreichend Kontra bieten zu können. Besser ist es in dieser Situation, eigene Überzeugungen und Werte zu klären und anschließend bewusster zu leben. Als positives Vorbild erhalten Sie sich immer eine gewisse Leichtigkeit und die Flexibilität, Ihre Ansichten auch zu korrigieren sowie andere anzuerkennen, die gleichberechtigt neben Ihren stehen dürfen.

NEUES BÜRO? ZUERST RETTEN WIR MAL DIE ERDE

Heiko muss feststellen, dass sich seine Geschäftsleitung konsequent weigert, die Arbeitsbedingungen zu verbessern und lieber vollmundig gleich von der Weltrettung redet. Die Lektion: Ständiges Ausweichen ist auch eine Antwort.

Als Heiko die neue Videobotschaft seines Geschäftsführers im Intranet angeklickt und die ersten Sekunden davon gesehen hatte, war ihm alles klar. Sein Arbeitgeber würde sich niemals ändern. Er würde es weitere Jahre verschleppen, ausreichend viele Mitarbeiter einzustellen, die untragbare Bürosituation zu verbessern, die Technik zu modernisieren – überhaupt konkrete Probleme der Belegschaft anzugehen. Denn das Management hatte inzwischen die perfekte Strategie für sich entdeckt, um all dem weiter auszuweichen und sich gleichzeitig unangreifbar zu machen: vollmundig von der Weltrettung zu reden, die man jetzt gemeinsam angehen würde und hinter der alles andere zurückstehen müsse.

»Das ist eine Generationenaufgabe, aber wir nehmen unsere Verantwortung ernst«, sagte der Geschäftsführer im Video und blickte in die Weite wie ein Philosoph, der erst jetzt alles gänzlich erfasst und in sich aufnimmt. »Wir liefern nicht nur die Waren unserer Kunden aus. Wir sorgen damit dafür, dass Menschen überall auf der Welt nachhaltiger, gesünder und besser leben!« Er hatte sich höchst professionell bei einem morgendlichen Waldspaziergang filmen lassen. Hineingeschnittene Aufnahmen einer Kameradrohne zeigten ihn seitlich und von oben, dazwischen sein nachdenkliches Gesicht ganz nah. Dazu spielte Klaviermusik. Heiko brachte all das allerdings anderweitig zum Nachdenken: Er überlegte, zu welchem Datum er kündigen könnte.

Wenn Mitarbeiterbedürfnisse immer zuletzt kommen

Seit zwölf Jahren arbeitete Heiko als Disponent bei einem großen Logistikdienstleister. Er war dafür verantwortlich, die internationalen Warentransporte seiner Firmenkunden zu organisieren und hatte sich für ein Coaching angemeldet, weil er seit Längerem unzufrieden war. »Die Arbeit ist interessant. Auch das Unternehmen und die Kunden. Aber die Umstände passen für mich überhaupt nicht mehr«, meinte er in unserem ersten Gespräch. »Ich habe ewig gehofft, dass sich etwas ändert. Die Probleme sind offenkundig und seit Jahren bekannt. Aber alles andere ist für die Chefs immer wichtiger.« Inzwischen hatte er den Glauben daran verloren, dass sich je etwas verbessern würde: »Das heißt wohl, dass ich mich verändern muss.« Er überlegte sogar, seine Branche ganz zu verlassen, hatte aber gar keine Idee, wohin.

Ein gewisser Interessenkonflikt zwischen Unternehmensführung und Mitarbeitern ist normal und nie ganz vermeidbar. Zu unterschiedlich sind die Perspektiven und Aufgaben. Als Coach begleite ich inzwischen allerdings regelmäßig Berufstätige, die sich nach oft langen Jahren beim selben Arbeitgeber von diesem entfremdet haben und auch menschlich tief enttäuscht von ihm sind. Der häufige Grund: Konkrete betriebliche Probleme blieben ewig ungelöst, die empfundene Loyalität erschien einseitig aufgekündigt. Dafür wurden die erklärten Ziele des Unternehmens immer hochfliegender, die Ergebnisse symbolischer. Das Ziel eines Coachings ist hier, die Verbitterung hinter sich zu lassen, sich darauf zu konzentrieren, die eigene berufliche Zukunft zu gestalten und so die Lage für sich persönlich zu verbessern.

Schlechtere Bedingungen

»Als ich in meinem Beruf angefangen habe, war auch nicht alles perfekt. Das gebe ich offen zu. Aber es ging noch menschlich zu, meine ich, irgendwie ehrlicher«, sagte Heiko. »Wir hatten unsere Dreier- und Viererbüros, immer ein Team zusammen. Da konnte man sich schnell absprechen, auch mal nebenbei unterhalten. Der Chef kam regelmäßig vorbei, hat nach den Problemen gefragt. Man hatte den Eindruck, dass er wirklich darüber nachdachte, was sich vielleicht umsetzen ließe. Die Bezahlung war vernünftig.« All das schien ihm heute wie eine Erinnerung an eine ganz andere Zeit: »Wenn ich jetzt das ständige Gerede von *Umstrukturierung, Optimierung* oder *Effizienz* höre, weiß ich, was das bedeutet: nur mehr Arbeit zu schlechteren Bedingungen.«

So waren bei seinem Arbeitgeber die meisten Trennwände herausgerissen worden, weil Großraumbüros angeblich die Kommunikation verbesserten. »Aber gleichzeitig wurden die Möbel enger gerückt. Bald saßen alle mit Kopfhörern nebeneinander, weil es so laut und unruhig war.« Etwas später gab es keine eigenen Schreibtische mehr: »Bedeutet seitdem für uns, morgens immer erst einen freien Platz suchen. Computer und Telefon aus dem Schließfach holen und aufbauen. Abends alles zurück. Das kostet 20 Minuten pro Tag, und man weiß nie, wo die Teamkollegen sitzen.« Auch die

Festnetztelefone entfielen. »Internet-Telefonie wäre angeblich genauso gut. Aber unser WLAN ist zu schwach dafür. Nun schreiben wir ständig E-Mails, auch unter uns Kollegen.«

Kürzlich hatte die Firma auf erweiterte Erreichbarkeit für ihre Kunden umgestellt. »Ohne zusätzliche Stellen. Also muss unser Kernteam jetzt 6 bis 23 Uhr in drei Schichten abdecken. Für manche Pendler heißt das seitdem: um vier Uhr morgens aufstehen«, sagte Heiko. »Wer sich beschwert, hört nur, dass er doch froh sein könne, überhaupt noch da zu sein. Ein Teil ist ja schon nach Polen ausgelagert.«

Gleichzeitig hatte das Management die Weltrettung für sich entdeckt. »Jede Woche etwas Neues zu *Nachhaltigkeit, Vielfalt* und *Inklusion* im Intranet. Wir kriegen kein aktuelles Windows oder endlich einmal aktuelle Produktkataloge für unsere Kunden, wollen aber das Klima und den Regenwald retten, Afrika aufbauen und jedes andere Problem auf dem Planeten angehen. Das nervt mich zunehmend.«

Einige Wochen, bevor das Imagevideo gedreht wurde, hatte Heiko an der Marketingplanung für das Folgejahr teilgenommen: »Fast kein Budget, aber höhere Umsatzziele. Wir müssten sparen, hieß es ständig. Das ist ja inzwischen überall normal. Danach sehe ich das Video, das wirklich keiner braucht. Dafür konnten eine teure Profi-Crew engagiert und mehrere Kollegen tagelang abgestellt werden!«

Bei verschiedenen Gelegenheiten hatte Heiko in der Vergangenheit mit dem zuständigen Mitglied der Geschäftsleitung über seine Anliegen gesprochen. »Mein Eindruck war lange gewesen, dass die da oben nicht wissen, was bei uns wirklich läuft oder welche Folgen ihre Entscheidungen haben«, sagte er und atmete tief durch. »Da musste ich dazulernen. Alles war bekannt. Es war nur nicht wichtig.« Mehrere konkrete Verbesserungsvorschläge, die er ausgearbeitet und eingereicht hatte, wurden mit einem freundlichen

Dankesbrief abgelehnt. Als Anerkennung bekam er einmal 50 Euro Prämie, was er fast als Beleidigung empfand. Dabei war Geld durchaus ein Thema für ihn. »Wir sind seit Ewigkeiten aus dem Tarifvertrag raus. Das Urlaubsgeld wurde gekürzt, Neue bekommen es gar nicht mehr. Prämien werden nur noch für Führungskräfte genehmigt.« Gleichzeitig sah er, dass das Management die Einzelbüros behalten hatte, dort keiner in Schichten arbeitete und sich wohl auch finanziell nicht einschränkte. »Ich weiß ja auch, dass der Wettbewerb härter geworden ist. Aber vielleicht erst einmal bei sich anfangen, denke ich, ehe man die Welt verbessern will!«

Unbeholfene Pseudo-Philosophien aus der Konzernzentrale

Wer einmal herzlich lachen will, liest sich die unbeholfenen Pseudo-Philosophien auf den meisten Unternehmensseiten durch. »Unsere *Founding-Mindset*-Prinzipien lassen sich in vier Kernwerte zusammenfassen: *Customer Focus, Entrepreneurial Thinking, Speed* und *Empowerment*«, erklärt etwa ein deutscher Online-Versandhändler. Kein Kernwert scheint es für die Strategieabteilung dagegen zu sein, sich noch verständlich in der eigenen Sprache ausdrücken zu können. »Der *Purpose* kann uns keine Antworten geben. Aber er hilft uns, die richtigen Fragen zu stellen.« – »Weisse Bescheid«, hätte der große Schriftgelehrte Horst Schlämmer dazu gesagt.

Symbolische Verbesserungen sind für manche nicht nur ein guter Start, sondern bereits ein respektables Endergebnis. Die *Personalabteilung* beispielsweise erst in *Human Resources* umbenennen und wenn das nichts bringt, in *People and Culture*. Strategieabteilungen können sich monatelang mit der Frage beschäftigen, ob der Firmenname nicht besser klein geschrieben werden sollte, eventuell auch mit einem Großbuchstaben oder Punkt in der Mitte. Das wirkt doch irgendwie innovativ, kreativ und belegt bereits die *kulturelle Transformation!* Um den ganzen lästigen Rest soll sich die sonstige Belegschaft kümmern, die hat schließlich Zeit dafür.

Schrittweiser Abstieg

Wie wir im Coaching gemeinsam feststellten, war Heiko nicht nur wütend über die stetige Verschlechterung seiner Arbeitsbedingungen, sondern wirklich verletzt. Er sah sich einem beständigen Abstieg ausgesetzt, sowohl organisatorisch wie finanziell, gegen den er sich nicht wehren konnte. Die Unternehmensleitung nahm er als distanziert und arrogant wahr, auf einem »moralischen Höhenflug«. »Die Manager reden heute wie die Politiker«, meinte er enttäuscht. Wie viel von der erklärten Weltverbesserung ernst gemeintes Anliegen war und wie viel nur PR-Maßnahme in eigener Sache, ließ sich für ihn und die anderen Mitarbeiter kaum unterscheiden. All das sorgte bei ihm, über die praktischen Unannehmlichkeiten hinaus, für das beklemmende Gefühl, fremdbestimmt und ausgeliefert zu sein, nur noch ausgenutzt zu werden.

Einseitige Loyalität

Gleichzeitig identifizierte sich Heiko weiterhin stark mit seinem Arbeitgeber. Das war seine Welt, die er kannte und die er verbessern wollte – nicht verlassen. All seine Überlegungen und praktischen Anstrengungen (z. B. Verbesserungsvorschläge) waren nur begrenzt zu seinem persönlichen Vorteil. Er dachte zuerst an das Unternehmen und an seine Kollegen, denen es schließlich ähnlich ging wie ihm. Umso mehr ärgerte ihn, dass seine Anliegen ohne Interesse beiseitegewischt wurden, seine Ideen kühl abgelehnt. Er hing erkennbar einem traditionellen Verständnis von Loyalität an, das sein Arbeitgeber allerdings gar nicht mehr teilte. Das machte Heiko erpressbar. Er nahm alles hin und blieb. Beobachtete und sah vor allem die Firma in der Verantwortung.

Damit hatte er aber auch einen Vorwand, seine Eigenverantwortung zu delegieren. Er hatte sich nicht um einen internen Aufstieg bemüht, sondern »seine Arbeit erledigt«. Extern hatte er sich ebenfalls nicht beworben. Das war loyal, aber ebenso risikoscheu und bequem. Eine hierarchische Verbesserung wäre für ihn ein Weg gewesen, die Verschlechterungen für sich wieder auszugleichen (z. B. durch ein höheres Gehalt). Vielleicht auch, mehr Einfluss auf Entscheidungen zum Wohle aller zu erhalten. Was er stattdessen dachte: Die Firma war »seine Familie«, für die er alles tat. Dafür sollte sie sich im Gegenzug auch um ihn kümmern. Nur war diese Annahme einseitig, wie er feststellen musste.

Unternehmen sollen sich heute um alles kümmern

Ein bisschen ist jeder der Versuchung ausgesetzt, sich besser darzustellen, als er eigentlich ist. Am leichtesten geht das heute auf Facebook: einfach zum Geburtstag eine öffentliche Spendenaktion für einen guten Zweck starten und teilen. Das ist der beste Weg, um sich vor allen Freunden als moralisch überlegen zu präsentieren, »ein Zeichen zu setzen« und die anderen zahlen zu lassen. Natürlich wäre es großherziger, einfach selbst zu spenden oder, wenn das Geld knapp ist, ein wenig ehrenamtlich zu helfen. Aber da bleibt einem ja für die Image-PR in eigener Sache nur noch das Standard-Selfie, auf dem man ein armes Kind oder einen geretteten Welpen streichelt oder sich mit einem Klimaschutz-Poster zeigt.

Ich sehe im Internet regelmäßig das Werbevideo eines Geldinstituts, in dem eine junge Frau mit bebender Stimme fragt: »Sollte eine Bank Wasserknappheit bekämpfen?« Die Strategen für *Corporate Responsibility* und die beauftragte Werbeagentur waren sich wohl absolut sicher, dass es bei den Nutzern darauf nur eine Antwort geben könnte: »Ja, Banken sollten sich generell um alles kümmern!« Das könnte man aber auch ganz anders sehen: »Macht euren Job, kümmert euch um eure Eigentümer, Mitarbeiter und Kunden – und das alles im Rahmen der Gesetze.« Wenn eine Bank damit nicht ausgelastet ist, stimmt eigentlich dort etwas nicht.

Öffentlich gedrängt

Wichtig ist es in dieser Situation, auch die Gegenseite zu verstehen. Unternehmen stehen in einem harten Wettbewerb und erwirtschaften häufig nur einstellige Betriebsmargen (Umsatzrenditen), halten sich also oft nur knapp über einem Verlust. Viele Märkte stagnieren. Damit lassen sich höhere Gewinne nur über niedrigere Kosten erzielen. Auch Heikos Arbeitgeber ist erkennbar vorsichtig bei allen Investitionen. Gleichzeitig sehen sich Unternehmen pausenlos Forderungen ausgesetzt, welche weiteren Anliegen sie neben ihrem Unternehmenszweck plus Arbeitsplätzen und Steuerzahlungen noch fördern sollen. Das führt – wegen der begrenzten Ressourcen – zwingend zu Lippenbekenntnissen, verbalen Beschönigungen und symbolischen Aktionen.

Wenn Sie darüber empört sind, dass die betriebliche Realität bei Ihnen weit von den erklärten Ansprüchen entfernt ist, hat es wenig Sinn, sich ewig darüber aufzuregen oder vergangenen Zeiten nachzutrauern. Veränderte Arbeitsbedingungen ergeben sich fast immer als Anpassung. Die Umstände sind eben nicht mehr wie früher. Neue Technologien, ein stärkerer Wettbewerb, veränderte Eigentümer- oder Kundenerwartungen haben sie erzwungen. Ebenso wenig empfehlenswert ist es allerdings, ewig alles mitzumachen, dabei nur zu klagen oder still zu leiden. Die Situation ist wahrscheinlich nicht nur eine Phase, die von selbst auch wieder enden wird. Sie verlieren mit ewigem Durchhalten unnötig viel Zeit, die Sie besser nutzen können, um sich beruflich zu verbessern und Ihr Leben wieder angenehmer zu gestalten.

Erinnern Sie sich, was Sie einmal begeistert hat
Enttäuschende Umstände am Arbeitsplatz können langfristig dazu verleiten, resigniert, zynisch oder verbittert zu werden. Das löst aber kein Problem, sondern zieht Sie nur noch weiter runter. Erinnern Sie sich in solchen Phasen an Ihre berufliche Anfangszeit: Was hat Sie einmal begeistert, interessiert und angespornt? Ein Blick in Fotos und Unterlagen aus jener Zeit holt solch eine Erinnerung zurück. Sie können diese Aufbruchstimmung wiederentdecken, in jedem Lebensalter. Entscheiden Sie bei möglichen Zukunftsplänen neben den praktischen Erwägungen immer auch danach, was Sie wieder jung denken lässt.

Das Neue beginnen, nicht mehr mit dem Alten aufhalten

Die erfolgreichere Strategie ist es, mit den äußeren Umständen beweglich zu bleiben und veränderte Umstände zum Anlass zu nehmen, selbst etwas zu verändern. Gehen Sie direkt davon aus, etwa alle drei bis fünf Jahre etwas anderes zu machen. Sei es eine neue Position anzustreben oder Ihren Arbeitsinhalt zu verändern, indem Sie z. B. ein eigenes Projekt vorschlagen. Oft ist das schon beim aktuellen Arbeitgeber möglich. Wenn nicht, ängstigt Sie auch ein möglicher Wechsel zu einem anderen Unternehmen nicht mehr übermäßig. Damit bleiben Sie flexibel und zu einem gewissen Grad risikofreudig, lernen regelmäßig etwas Neues und erhöhen damit auch Ihre Chancen bei externen Bewerbungen.

Was erkannte Scheinheiligkeit und Heuchelei bei anderen angeht: Urteilen Sie nicht zu hart, lassen Sie Milde walten. Sie werden diese Nachsicht gelegentlich auch selbst brauchen, wenn man Sie einmal dabei ertappt, dass Ihre erklärten Vorhaben bisher nur begrenzt den Weg in die Realität gefunden haben. Gestehen Sie anderen zu, noch nicht perfekt zu sein und richten Sie Ihre Energie auch hier darauf, es selbst besser zu machen. Falls Sie ein eigenes Anliegen haben, Sie bestimmte Missstände beseitigt sehen wollen: Fangen Sie damit an. Nicht mit großen Forderungen an andere, auch nicht mit einer passiven Mitgliedschaft per Dauerauftrag, sondern mit einem Ehrenamt oder anderen praktischen Engagement.

Vergangenheit abschließen

Dass Ihre neue Strategie wirkt, erkennen Sie daran, dass Sie mit dem Alten abschließen, auch wenn Sie vieles bisher nicht auflösen oder sich erklären können. Sie halten sich nicht mehr mit nostalgischen Erinnerungen (»Ich weiß noch, als…«, »Damals haben wir…«) auf. Auch nicht mehr mit Schuldzuweisungen und Diskussionen, wenn mehrere Versuche zu nichts geführt haben. Die wahren Gründe werden Sie eventuell erst viel später oder nie erfahren. Diese spielen auch nur noch eine begrenzte Rolle. Sie lenken Ihre Frustration, Ihren Ärger und auch Ihre Enttäuschung lieber auf Aktivitäten, die Sie praktisch weiterbringen. Damit verwandeln Sie sie in Entschlusskraft, Ausdauer und Konzentration. Das macht Sie gleichzeitig mutiger und weniger anfällig für überzogene

Befürchtungen wie: Ruiniere ich mir alles, wenn ich meinem Chef widerspreche, finde ich je wieder etwas Vergleichbares? Sie haben Selbstvertrauen und sind für den Notfall vorbereitet, müssen daher nicht alles hinnehmen.

Ein neuer Anfang

Am Anfang unserer Gespräche hatte Heiko mit dem Gedanken gespielt, ganz die Branche zu wechseln, ohne eine konkretere Idee zu haben. Er wollte dann allerdings doch nicht noch einmal von vorn anfangen. Stattdessen beschloss er, sich zum Meister weiterzubilden, in seinem Fall zum geprüften Logistikmeister. »Studieren ist nichts für mich und Akademiker gibt es schon genug. Aber für eine Team- oder Projektleitung brauche ich einen besseren Abschluss.«

Er wählte einen Anbieter, bei dem er die Weiterbildung innerhalb von 18 Monaten mit Wochenendkursen abschließen konnte. Zu seiner Überraschung bot ihm sein Chef, als er ihm davon erzählte, ungefragt an, die Hälfte der Gebühren zu übernehmen. »Das war eine Hilfe und Anerkennung, die ich lange nicht mehr gespürt habe«, meinte Heiko. »Das tat gut.«

Gleichwohl begann er, sich bereits während der Weiterbildung in der Region zu bewerben und führte im Lebenslauf schon auf, wann er seinen Meisterabschluss haben würde. »Ein halbes Jahr, 15 Bewerbungen, dann hatte ich ein Angebot für eine Teamleitung mit höherem Gehalt«, erzählte er mir später. »Es wird sicher nicht alles ideal sein. Aber ich freue mich darauf, dass ich ein neues Kapitel aufschlagen kann.«

Große Sprüche

Ideologische Selbstüberhöhung ist ein Klassiker im Propaganda-Geschäft. Die DDR gab an Berufstätige den Slogan aus: »Mein Arbeitsplatz – Mein Kampfplatz für den Frieden«. Jede Kleinigkeit im Job war da bereits ein Beitrag, den Dritten

Weltkrieg zu verhindern, das musste doch jeden motivieren! Wer erinnert sich noch an die Brauerei, die versprach, dass für jeden verkauften Kasten Bier ein Quadratmeter Regenwald unter Schutz gestellt würde? Groß war die Empörung, als sich später herausstellte, dass gar keine Bäume gekauft worden waren. Bei derart hochfliegenden Ankündigungen sollte man immer vorsichtig sein: Wenn die Weltrettung so einfach wäre, hätten andere sie längst vollbracht.

Eine kleine Übung: Die Stellenbeschreibung für Ihren Traumjob verfassen

Es hilft Ihnen, sich ein positives Ziel zu setzen, anstatt sich ewig über negative Umstände zu ärgern. Diese kleine Übung kann Sie dabei unterstützen. Schreiben Sie sich selbst die Stellenbeschreibung für Ihren Traumjob, am besten in Form einer klassischen Stellenanzeige. Listen Sie ausformuliert oder in kurzen Stichpunkten auf: Anforderungen, Aufgaben und Inhalte, Arbeitsbedingungen und Konditionen. Was wäre ideal für Sie? Werden Sie dabei so konkret wie möglich. Sie werden diese Stelle wahrscheinlich nicht exakt so in der Realität finden. Aber durch die erkannten Prioritäten gezielter suchen, leichter und sicherer entscheiden, wo Sie zusagen und was Sie zukünftig direkt ablehnen.

ÜBERLASST DOCH MIR, OB ICH GERETTET WERDEN MUSS

Karina fühlt sich nicht benachteiligt, weil sie eine Frau ist. Sie hat lieber einen Mann als Chef und empfindet reine Frauenteams als anstrengend. Die Lektion: Wehren Sie sich gegen Bevormundung, die sich als Fürsorge ausgibt.

Inzwischen schaltete Karina das Frauenmagazin, das sie viele Jahre lang gern geschaut hatte, gar nicht mehr ein. Es nervte sie, dass mittlerweile jeder Beitrag, welches Thema er auch behandelte, grundsätzlich auf eine Schlussfolgerung hinauszulaufen schien: dass sie als Frau systematisch unterdrückt werde. Auch die neu eingeführte, angeblich gerechtere Ansprache, etwa »Zuschauer« – Sprechpause – »innen«, hatte sie anfangs noch unter gut gemeinte, wenn auch ungelenke Geste verbucht. Seit einiger Zeit fand sie es jedoch unverschämt, von der Redaktion eine Ausdrucksweise aufgedrängt zu bekommen, die sie selbst nie verwenden würde, die nach deren Einschätzung aber besser für sie war.

Ein Beitrag hatte Karina, die im Risikomanagement einer Großbank arbeitete, besonders empört, da er ihre eigene Branche betraf. »In den Vorständen der Volksbanken gibt es mehr Männer, die Thomas heißen, als Frauen insgesamt«, hatte die Moderatorin ihn angekündigt. »Das geht gar nicht.« Dringend empfohlen wurde eine Frauenquote für

Führungspositionen im Finanzsektor: »Wir haben so viele Frauen zur Auswahl. Das muss klappen.« Es ärgerte Karina, wie nonchalant eine Redaktion, die selbst nicht im freien Markt arbeitete, sondern über Rundfunkgebühren finanziert wurde und in einem ganz anderen Bereich tätig war, über Unternehmen urteilte und verfügen wollte. Ihre Ansicht dazu: »Überlasst doch bitte uns, ob wir gerettet werden müssen!«

Viele Frauen fühlen sich überhaupt nicht unterdrückt

Karina hatte ihr Coaching gebucht, weil sie befördert worden war und kurz davor stand, ihre neue Position als Abteilungsleiterin zu übernehmen. Erstmals würde sie ein eigenes Team führen. Darauf wollte sie sich vorbereiten. »Ich habe das noch nie gemacht, traue es mir aber zu«, sagte sie selbstbewusst in unserem ersten Gespräch. »Einige Kollegen kenne ich schon, auf die anderen freue ich mich.« Was sie beschäftigte, war die Frage, was für eine Führungskraft sie sein wollte. »Ich hatte fast immer Chefs und arbeite, wenn ich ehrlich bin, lieber mit Männern zusammen. Frauen können manchmal ganz schön anstrengend sein.« Gleichzeitig war sie unbestreitbar selbst eine Frau, würde zukünftig auch mehrere Mitarbeiterinnen unter sich haben und wollte deshalb ihren eigenen Stil finden. »Etwas anderes als das Powerfrau-Klischee!«

Etwa 60 Prozent meiner Coaching-Klienten sind weiblich: Frauen aller Altersgruppen und Hierarchiestufen mit unterschiedlichsten Lebenssituationen und Vorstellungen davon, was für sie erstrebenswert wäre. Manche wollen aufsteigen, andere aussteigen. Einige wünschen sich mehr Zeit für Familie und Kinder, andere sind überhaupt nicht daran interessiert. Einige verdienen objektiv zu wenig und glauben teilweise an ein System dahinter (»Gender Pay Gap«). Andere haben Verträge ausgehandelt, um die sie ihre Kollegen beneiden würden. Manche arbeiten am liebsten mit anderen Frauen, andere möglichst nicht. Als Coach habe ich keine eigene Agenda, sondern unterstütze jede Klientin nach ihren Annahmen und Wünschen. Der individuelle Fokus unterscheidet meinen Beruf auch von dem des Aktivisten, der eher die Rahmenbedingungen insgesamt ändern will.

Immer unterstützt

»Ich wundere mich manchmal, was für Diskussionen heute geführt werden. Ob etwa ein rosa Strampler oder Barbiepuppen ein Mädchen bereits unrettbar zum Mäuschen machen, das nur noch Mutter und Hausfrau werden will«, meinte Karina. »Ich hatte das alles und habe mich trotzdem schon früh für Zahlen und später auch noch für Recht interessiert. Es hat mir einfach Spaß gemacht, über knifflige, eher abstrakte Fragen nachzudenken.« Sie hatte Wirtschaftsrecht und Finanzmathematik studiert und war damals erstaunt gewesen, damit gar keine Ausnahme zu sein. »Die Hälfte unseres Studiengangs war weiblich, obwohl ich ständig höre, dass Frauen für solche Themen erst interessiert werden müssten oder irgendwie zurückgehalten würden.«

Bei der Bank stieg sie direkt nach ihrem Abschluss als Trainee ein und fühlte sich vom ersten Tag an weitgehend unterstützt: »Es gibt so viele Hilfen speziell für Frauen, dass es mir fast zu viel wird. Erleichterte Karrierewege, Seminare, Coaching, Mentoring, eigene Netzwerke. Mir ist das zu sehr auf Bedürftigkeit und Schwäche ausgerichtet. Frausein ist doch keine Behinderung, die ständige Unterstützung braucht.«

Gleichwohl registrierte sie, dass auch bei ihrem Arbeitgeber wesentlich mehr Frauen unter den Absolventen und Einsteigern waren als später in den höheren Führungspositionen. »Am Ende entscheidet ein Unternehmen danach, was es für seinen Erfolg am besten hält, und muss für die Folgen geradestehen«, meinte sie. »Ein Arbeitnehmer macht das nicht anders. Ich denke, dass viele Frauen zwar gern bestimmte Jobs hätten, aber nicht das Leben, das damit verbunden ist. Ein Mann denkt da gar nicht so sehr darüber nach, sondern versteht sich in der Versorgerrolle und kämpft darum. Bei meinen ehemaligen Kommilitoninnen sah ich, als wir erst einmal Mitte 30 waren, oft die Einstellung: Das muss ich mir nicht antun. Als ganz bewusste Entscheidung.«

Von ihren Chefs und männlichen Kollegen hatte Karina sich immer gefordert, aber dann auch respektiert gefühlt. »Beim ersten Kontakt war das häufig ein Austesten, ob ich ihnen auf Augenhöhe entgegentrete oder ängstlich bin und mich gleich wieder wegducke. Da musste ich manchmal deutlich werden«, sagte sie. »Übrigens auch bei anzüglichen Bemerkungen, die angeblich lustig gemeint waren, wie ich sie selbst in Konferenzen auf höchster Ebene erlebt habe. Da habe ich mir manchmal gewünscht, dass ein anderer Mann etwas sagt, und gemerkt, dass ich für mich selbst einstehen muss. Insgesamt fand ich die Zusammenarbeit mit Männern aber immer angenehmer: klar, entschieden, weniger Spielchen. Hart, aber herzlich, sozusagen.«

Einige Monate war sie während einer Hospitanz in einem reinen Frauenteam. »So viele Spannungen, Gezicke und Intrigen habe ich nie wieder erlebt, obwohl man sich morgens mit Küsschen begrüßte und immer freundlich getan wurde. Plötzlich sprach die eine Seite des Büros nicht mehr mit der anderen oder jemand rannte auf einmal heulend raus«, erinnerte sie sich. »Die Stimmung war so schlecht, dass ein Team-Workshop auf Wunsch aller abgehalten wurde. Geholfen hat das aber nicht viel. Ich war froh, als ich wieder in eine Abteilung wechseln konnte, wo wir nur zwei Frauen waren. Wir haben uns gut verstanden, das passte.«

Wie wollte sie nun als Chefin sein? »Ein bisschen von allen. Klar, entschieden, aber verbindlich und respektvoll. Ich möchte mich auch nicht verstellen müssen, sondern eine gewisse Weiblichkeit einbringen«, sagte Karina. »Ich habe einige Professorinnen und auch Managerinnen erlebt, die mich beeindruckt haben. Da war das sehr stimmig.« Eine eigene Familie hatte Karina noch nicht, dieses Thema mit ihrem Partner aber auch nicht abgeschlossen: »Da sehe ich mich schon in einer anderen Lage als einen Mann. Das muss ich im eigenen Interesse stärker bedenken.«

Männer zeigen mehr Respekt, um keine reinzukriegen

Es gibt die Theorie, dass Männer freundlicher miteinander umgehen, weil immer die Gefahr einer körperlichen Eskalation mitschwingt. Zwei Frauen würden sich möglicherweise selbst nach einem Streit noch wochenlang Komplimente machen, nur dann vergiftete. »Du hast so dicke, starke Beine! Kommt das vom Zumba? Wahnsinn, dass es dafür noch Hosen gibt!« Ein Mann würde einem anderen angeblich weniger geduldig begegnen, sondern nach ein paar Sticheleien eine reinhauen. Aber da keiner sicher wissen kann, wie eine Schlägerei ausgeht, wäre männliche Versöhnlichkeit schon für den Eigenschutz vorteilhaft: »Ist okay, lass gut sein.«

Ich bin nicht ganz sicher, wie belastbar diese These ist, seit mir YouTube diverse Videos von Frauen aus aller Welt gezeigt hat, die sich auf offener Straße prügelten, fast immer übrigens wegen eines Mannes. Eine derartige Brutalität – nicht nur ein bisschen Anrempeln und Schubsen – kennt man sonst nur von Streetgangs. Da geht es nicht mehr darum, etwas klarzustellen, außer: Es kann nur eine geben, und du wirst es nicht sein. Es hat schon seine Gründe, warum vor Ausflügen in Nationalparks immer vor der unberechenbaren Bärin gewarnt wird, während ihr Ex kaum der Rede wert ist. Wenn sie töten will, dann tut sie es auch, während er oft nur brummt.

Führung ist konkret

Meine Gespräche mit Karina wandten sich umgehend konkreten Aspekten von Führung zu: ihren strategischen Vorhaben, den Aufgaben, die sich daraus ergaben. Wie viele Stellen, welche Profile und Budgets dafür notwendig waren. Wie sie ihre Mitarbeiter ein- oder umsetzen wollte. Das war kein Zufall. Sehr schnell zeigt sich immer, wie wenig zielführend es ist, sich ewig im Grundsätzlichen aufzuhalten. Beispielsweise darüber zu philosophieren, was nun typisch Mann bzw. Frau sei. Ob man das überhaupt sagen könne und persönlich bekannte Vertreter beider Geschlechter nun Archetypen oder Ausnahmen waren. Das sind intellektuell interessante Fragen. Aber ein Unternehmen ist kein Debattierklub, sondern muss, will es überleben, praktische Probleme – vor allem seiner Kunden – lösen. Das gilt übrigens auch für die eigene Karriere. Wer hilfreich ist, kommt weiter.

Orientierung gesucht

Gleichzeitig war es verständlich, dass Karina nach einer Orientierung suchte, innerhalb welcher Erwartungen und Möglichkeiten sie ihre zukünftige Führungsrolle gestalten sollte. Wahrscheinlich ging es Ihnen ähnlich, wenn Sie in der Vergangenheit einmal eine neue Aufgabe übernommen haben, aber erst entscheiden mussten, wem Sie es gleichtun und was Sie von Ihren Vorbildern für sich übernehmen könnten. Karina durchdachte dabei ihre Erfahrungen als Mitarbeiterin mit Vorgesetzten und Kollegen – aber auch als Frau mit Männern und anderen Frauen. Dabei ließen sich allerdings, je länger wir darüber sprachen, kaum allgemeingültige Regeln ableiten, die ihr in ihrem Alltag weiterhalfen.

Sie stieß bald auf die Erkenntnis, dass der Blick auf ein einziges Kriterium, nämlich das Geschlecht, die Realität unzulässig verengt. Sie hatte sowohl großartige Vorgesetzte wie unverschämte Kollegen erlebt, inspirierende Chefinnen ebenso wie unmögliche Kolleginnen. Sie empfand auch viele oft gehörte Ansichten als unlogisch. Beispiel: »Wenn Frauen tatsächlich überall die gleiche Arbeit für weniger Geld machen würden, dann würden die Arbeitgeber sie doch wegen der niedrigeren Kosten sogar bevorzugt einstellen.« Ihr eigenes Erleben widersprach dem. Sie war gefördert worden und verdiente gut. Sie brauchte manchmal Hilfe, etwa einen Kontakt oder Rat, war aber keinesfalls bedürftig.

Leider geht es nie, ausschließlich die Vorteile zu nutzen

Am besten wäre es natürlich, überall nur die Vorteile nutzen zu können. Es gibt Frauen, die auf separate Parkplätze und Bereiche im Sportstudio bestehen, sich aber gleichzeitig in den örtlichen Männerchor einklagen wollen, der doch allen offenstehen müsse. Andere fordern, dass Vorstände jeweils hälftig mit Frauen besetzt sein sollten, erwarten aber gleichzeitig, dass beim privaten Ausgehen weiterhin der Mann für beide bezahlt, und zwar ohne später daraus Ansprüche abzuleiten. Umgekehrt sind viele Männer sehr dafür, dass mehr Frauen aufsteigen, solange ihnen keine den eigenen Posten wegnimmt. Soll die Firma eben mehr Führungsjobs schaffen.

Ich bekam von meiner Stadtverwaltung kürzlich ein Schreiben, in dem auf geplante Baustellen in der Nachbarschaft hingewiesen wurde. Es war an die »Anwohnenden«

gerichtet, also in Gender-Deutsch verfasst, und wimmelte vor umständlichen Doppelnennungen, Passiv- und Partizip-Konstruktionen: »Das Tiefbauamt beschäftigt rund 300 Mitarbeitende sowie Lernende, Praktikantinnen und Praktikanten.« Nur eine erwähnte Gruppe blieb in einfachem, klassischem Deutsch: die »Arbeiter« im Straßenbau. Das kann nur eines bedeuten: Hier ist die gewünschte Gleichberechtigung bereits erreicht, dafür muss keiner mehr die Grammatik verbiegen. Ein schöner, wichtiger Erfolg also!

Symbolik und Geschäftsmodelle

Einer der wichtigsten Schritte, um sich weiterzuentwickeln, ist immer, das Gesamtbild zu verstehen. Die heutigen Freiräume für Frauen, Männer, aber auch Kinder und Jugendliche haben sich erst mit der Industrialisierung ab Mitte des 19. Jahrhunderts eröffnet, sind also historisch jung. Unzählige technische Erfindungen (z. B. Strom, Maschinen, Haushaltsgeräte) und wissenschaftliche Entdeckungen (z. B. Impfstoffe, Antibabypille) haben für alle eine individuelle Lebensgestaltung erlaubt, die vorher undenkbar war. Übrigens für Unter-, Mittel- und Oberschicht. Wir sind weiterhin in diesem insgesamt positiven Prozess, in dem fortlaufend neue Möglichkeiten entstehen und auf ihre Alltagstauglichkeit hin getestet werden. Dazu gehören die Suche nach dem richtigen Maß, manchmal Übereifer, dann wieder Korrekturen.

Es hat daher wenig Sinn, hinter jeder vorübergehenden Übertreibung sofort den kulturellen Weltuntergang zu vermuten oder sich ewig über Symbolhandlungen zu empören. Für Unternehmen ist es nun einmal leichter, die Belegschaft als »Mitarbeiter*innen« anzuschreiben, als einen Betriebskindergarten aufzubauen, der es beiden Elternteilen leichter machen würde, eine Führungsposition anzunehmen oder überhaupt in Vollzeit zu arbeiten. Oder für Politiker, immer neue

Quoten zu beschließen, anstatt die Steuern zu senken, sodass Teilzeit für beide finanzierbar wäre. Denn gleichzeitig fordert jede Wählergruppe auch immer mehr steuerfinanzierte Ausgaben. Für NGOs, Verbände und Parteien gehören Maximalforderungen und einseitige Zuspitzung zum Geschäftsmodell; dies sollte also generell nicht überbewertet werden.

Sie sind ein Individuum, kein Typ
Wer sich nicht ständig auf einen einzelnen Aspekt (beispielsweise Geschlecht, Alter, Ethnie, Orientierung) festlegen lassen möchte, muss auch selbst der Versuchung widerstehen, immer wieder darauf zurückzukommen und alles damit zu erklären. »Weil ich eine Frau bin …«, »Wegen meines Alter …« Sich also bei jeder Gelegenheit als betroffen oder solidarisch darzustellen oder umgekehrt dagegen zu protestieren. Sehen Sie sich und Ihre Mitmenschen immer als vielschichtige Individuen, nicht als Typen mit einem alles entscheidenden Merkmal.

Eigene Möglichkeiten ausnutzen, dann mehr fordern

Die erfolgreichere Strategie ist, sich gar nicht weiter mit Rollenklischees aufzuhalten, weder mit der Opferrolle noch mit generalisierten Zuschreibungen aller Art, selbst wenn sie gut gemeint sind. Dass sich Frauen mit Technik, Management oder Organisation etwa angeblich schwerer täten als Männer. Oder umgekehrt auch, dass sie liebevoller, sensibler oder geduldiger wären. Relevant ist Ihr persönliches Profil.

Vergessen Sie auch die Legende, dass sich die Männer durch alle Weltregionen und Zeiten hindurch verschworen hätten, die Frauen kleinzuhalten, als ob ihnen das nicht immer auch selbst geschadet hätte. Gestalten Sie Ihre eigene Partnerschaft, besprechen und verhandeln Sie Konflikte gemeinsam, etwa Kinderbetreuung und Hausarbeit.

Konzentrieren Sie sich also darauf, Ihre Probleme zu erkennen und zu lösen. Sind Sie bei Bewerbungen und in Konferenzen zu ängstlich und still? Schweigen Sie, wenn Sie sich verteidigen sollten? Verlangen Sie zu wenig Gehalt? Üben Sie mit dem Partner, Freunden, einem spezialisierten Trainer oder in einer Gruppe. Es fehlt ein Kindergarten? Gründen Sie einen Betreuungsservice mit anderen Eltern. Sie wollen Karriere machen? Tun Sie es, unzählige Frauen und Männer haben das vor Ihnen getan. Es ist anspruchsvoll und hart für alle. Sie wollen keine Karriere machen? Ebenso Ihr Recht, dann ist das Ihr Ziel. Alles, was nicht nur Schimpfen und Forderung an die Allgemeinheit ist, bringt Sie weiter.

Eigene Entscheidungen

Dass Ihre veränderte Perspektive wirkt, erkennen Sie daran, dass Sie sich grundsätzlich als fähig, gleichwertig und selbstbestimmt empfinden. Wenn Sie Hilfe brauchen, dann in ganz spezifischen Bereichen, fast immer auch nur zeitlich begrenzt. Ansonsten können Sie sich sehr gut selbst helfen und damit gegen fürsorgliche Bevormundung verwahren. Ohne großes Drama: »Danke sehr, das ist nicht nötig«, genügt.

Nervt Sie beispielsweise die Gender-Sprache, schreiben Sie Ihre Meinung kurz an die betreffende Stelle. Beschäftigen Sie sich ansonsten aber damit, Ihr eigenes Leben zu führen. Mit diesem individuellen Ansatz brauchen Sie weder 100-Prozent-Rollenmodelle noch pauschale Abgrenzungen (als Frau z. B. von Männern). Sie können sich überall einzelne gute Ideen, Ansichten und Verhaltensweisen anschauen und für Ihren Zweck kombinieren. Sie konzentrieren sich auf das, was Sie unterstützen wollen. Nicht auf das, wogegen Sie eventuell sind. Je weniger Energie Sie für Negativität aufwenden, desto mehr haben Sie, um eine positive Wirkung für sich und andere zu erreichen.

Übergreifende Themen

Karina hatte erwartet, ein Coaching »speziell für sie als Frau« zu erhalten. Aber wir sprachen über Themen, die jede neue Führungskraft beschäftigen. Einige Wochen, nachdem sie ihre neue Position angetreten hatte, berichtete sie von der großen Freude, die sie dabei hatte, Verantwortung für übergreifende Themen und das Team zu tragen. Sie hatte bereits zwei junge Frauen identifiziert, die sie als Mentorin unterstützen und von denen sie eine als ihre Vertreterin aufbauen wollte. Nur gelegentlich sprachen wir über Aspekte, die speziell Frauen betreffen. So war sie mangels einer eindeutigen Regelung nicht sicher, ob sie in der Bank statt der ewigen Kostüme auch einmal ein elegantes Blumenkleid tragen könne, tat es dann aber einfach. Sie achtete darauf, ihr Netzwerk gleichmäßig über Männer und Frauen auszubauen, beriet sich aber auch mit einer älteren Bereichsleiterin. Mit ihrem Partner sprach sie vorab ab, wie sie Elternurlaub und Teilzeit teilen und staffeln würden, wenn es einmal soweit wäre. »Ich sehe schon, dass ich durch Vorbild und Ermutigung etwas Sinnvolles beitragen kann«, war ihre Bilanz. »Und zwar für alle. Das Geschlecht interessiert mich eigentlich fast nicht.«

Jeder hat gute Gründe

Der empfehlenswerte Schweizer Spielfilm »Die göttliche Ordnung« von 2017 erzählt interessant von der späten Einführung des Frauenwahlrechts dort. Es wurde in der Schweiz, anders als in den meisten anderen Ländern, nicht per Deklaration von oben angeordnet, sondern im demokratischen Prozess errungen. Das dauerte in der letzten Region bis 1990. Dabei hielten keineswegs die Männer die Frauen zurück, wie man vielleicht glauben würde. Sondern es gab Fürsprecher und Gegner auf beiden Seiten, die jeweils ihre Gründe hatten. Große Frauenverbände waren dagegen. Manche Frauen meinten, ihr Mann könne gut im Namen der Familie für alle wählen, der Alltag solle nicht politisiert werden. Andere Männer ermutigten ihre Frauen, für sich selbst zu sprechen. Am Ende gewannen alle, weil alle gehört und bei der Entscheidung respektiert wurden.

Eine kleine Übung: Führungskraft in mindestens einem Lebensbereich

Sie befreien sich von bevormundender Fürsorge, wenn Sie Ihren eigenen Weg und Stil finden und sich damit von gut gemeinten wie hinderlichen Beeinflussungen emanzipieren. Diese kleine Übung hilft Ihnen dabei, wenn Sie beruflich bisher keine Führungsposition bekleiden. Wählen Sie sich stattdessen einen anderen Lebensbereich, in dem Sie das anstreben wollen. Das kann ein Verein oder eine Sportmannschaft sein, eine lokale Initiative oder auch ein kleines Geschäft, das Sie sich nebenbei aufbauen wollen. Bewerben Sie sich bzw. gehen Sie die ersten praktischen Schritte an (z. B. Webseite aufbauen). Achten Sie darauf, wie Ihr Selbstbewusstsein und Ihre Sicherheit dabei wachsen.

WER WILL DENN MIT ALLEN KOLLEGEN BEFREUNDET SEIN?

Alexander sitzt oft genug abends noch für die Firma am Rechner. Nun wird erwartet, dass er mit Chef und Kollegen auch in seiner Freizeit mehr unternimmt, um das Team zu stärken. Die Lektion: Jeder Job hat irgendwann seine Grenzen.

Die längste Zeit seines Lebens war Alexander überzeugt gewesen, ein gemütlicher, geselliger und offener Mensch zu sein. In seinem Heimatort war er bei der Freiwilligen Feuerwehr und in einem Ringerverein. Er hatte Freunde noch aus der Schulzeit sowie seine Partnerin. Doch inzwischen zweifelte er an seinem Selbstbild. Es ging ihm auf die Nerven, dass in seiner Firma alle miteinander befreundet sein wollten oder zumindest so taten. »Ständig werden Glückwunschkarten für Geburtstage, Hochzeiten oder Nachwuchs durchgereicht. Ein Kollege organisiert monatliche Abendessen für das ganze Team, die Firmenleitung regelmäßig eine Bowling-Nacht für alle«, sagte er. »Mir geht das längst zu weit.«

Das betraf auch die Beziehung zu seinem gleichaltrigen Vorgesetzten, die auf den ersten Blick freundschaftlich war. »Wir gehen in der Arbeit meist wie Kumpels miteinander um. Sitzen beide im Hoodie, mit Jeans und Turnschuhen in den Konferenzen, wie das heute bei uns fast alle machen. Duzen uns und gehen manchmal auch noch ein Bier zusammen trinken. Wenn etwas aber nicht passt, bin ich auf einmal nicht mehr der ›Partner‹, sondern der klassische Mitarbeiter, der beauftragt, abgefragt und beurteilt wird.« Inzwischen war Alexander diese demonstrative Lockerheit fast zuwider: »Dann lieber wieder klare Grenzen zwischen Berufs- und Privatleben. Da weiß ich wenigstens, woran ich bin.«

Private Nähe im Beruf ist immer heikel

Alexander hatte sein Coaching ursprünglich gebucht, um die Kommunikation mit seinem Vorgesetzten zu verbessern. »Mein Problem ist, dass wir uns noch von der Uni her kennen und seitdem privat befreundet sind. Nun ist er aber auch mein Chef und lässt das gern mal raushängen.«

Insgesamt war ihm klar geworden, dass ihm die Unternehmenskultur in dem Industriekonzern, in dem er als Ingenieur und Produktmanager arbeitete, nicht wirklich entsprach: »Ich weiß, dass jetzt alle *partnerschaftlich* statt *autoritär* miteinander umgehen wollen«, meinte er. »Aber ich brauche das nicht, es kommt mir auch ziemlich aufgesetzt vor. Außerdem ist das auch ganz praktisch ein Problem für mich. Als Pendler will ich nach der Arbeit pünktlich heim. Jede zusätzliche Stunde mit den Kollegen fehlt mir woanders.«

Viele Unternehmen haben in den vergangenen 20 Jahren die vermeintlich zwanglose Kultur amerikanischer Tech-Firmen nachempfunden. Meist in der Hoffnung, dadurch ebenso effizienter, innovativer und attraktiver zu werden. Als Coach erlebe ich gerade bei jüngeren Klienten, die es gar nicht mehr anders kennen, oft eine große Überraschung und Ernüchterung, wenn sie einmal feststellen: Es handelt sich trotz allem weiterhin um reguläre Arbeitsverhältnisse, nicht um eine Kooperation von Freunden. Zwar imitiert die zusammengewürfelt wohnliche Einrichtung den Stil eines jungen Start-ups und es wird ein demonstrativ lockerer Umgang miteinander gepflegt. Gleichzeitig gibt es weiterhin doch eine Hierarchie, also auch Unterordnung und einseitiges Weisungsrecht – und noch immer Konkurrenz, Neid und Intrigen. Wie eben überall, wo Menschen aufeinandertreffen.

Komplizierte Beziehung

»Seit anderthalb Jahren bin ich in dem Unternehmen. Mein Kumpel, jetzt mein Teamleiter, hatte direkt nach der Uni dort angefangen. Ich kam später dazu. Er hatte mich auf die offene Stelle in seiner Abteilung hingewiesen und sich bei der Bewerbung für mich eingesetzt«, erinnerte sich Alexander. Während des Studiums hatten sie zeitweise in einer WG gewohnt und waren auch nach dem Abschluss in freundschaftlichem Kontakt geblieben. »Nichts Großes, aber manchmal zusammen zum Sport oder was trinken gehen.« Das ließ etwas nach, als Alexander seine Freundin kennengelernt hatte und zu ihr zog, rund eine Stunde mit öffentlichen Verkehrsmitteln entfernt. Das war seitdem auch sein Arbeitsweg.

»Als ich bei ihm angefangen habe, war das natürlich schön. Noch einmal so ein bisschen wie damals, als wir zusammen studiert haben.« Sein Freund – der nun auch sein Chef war – zog ihn bei verschiedenen Gelegenheiten ins Vertrauen und erzählte ihm von beruflichen und privaten Herausforderungen, oft bei einem Feierabendbier. »Wir haben auch sonst wieder mehr zusammen unternommen.«

Professionell fand Alexander die neue Stelle interessant. Der Umgangsstil war dagegen weniger sein Geschmack. »Das war schon sehr viel enger, als ich es von anderen Firmen kannte. Morgens und abends umarmen sich manche Kolleginnen. Wenn es einen Anlass gab, beschenkte man sich gegenseitig. Mittags wollten immer alle zusammen essen gehen.

Ich brauche das nicht, wollte mich aber auch nicht ständig absondern«, meinte er. Sein Freund und Chef saß meist dabei, beispielsweise am langen Tisch in der Kantine. Was Alexander dabei beobachtete, gefiel ihm nicht. »Da gab er sich, als wären wir alle beste Freunde. Aber ich wusste ja von ihm, was er über einige Kollegen wirklich dachte und welche Probleme es mit manchen gab.« So sah er seinen langjährigen Kumpel zunehmend mit einem gewissen Zweifel.

Die Unternehmensleitung war der Ansicht, dass es gut für die Teams wäre, auch privat regelmäßig etwas gemeinsam zu unternehmen. »So wurde ständig etwas organisiert und angeboten. Die meisten Kollegen freuten sich ehrlich darauf, das war klar zu erkennen«, sagte Alexander. »Ich kam mir regelmäßig wie ein Stinkstiefel vor, der darauf nicht nur keine Lust hatte, sondern wirklich nach Hause wollte. Und ja, es interessierte mich nicht.«

So konnte er es beispielsweise nicht genießen, an einem Werktag um 22 Uhr noch bei einem Tennisturnier der Kollegen zu sitzen, wenn er selbst gar nicht spielte, noch eine einstündige Heimfahrt vor sich hatte und wusste, dass seine Freundin eigentlich mit ihm etwas geplant hatte. »Aber immer absagen geht ja auch nicht!« So hielt er grummelnd aus.

Bei verschiedenen Gelegenheiten hatte Alexander den Eindruck, dass sein langjähriger Freund selbst nicht so genau wusste, wie er ihm gegenüber nun auftreten sollte und nach einem Ausweg suchte: »Manchmal sprach er mit mir so locker, als säßen wir wie früher in der Mensa. Dann wieder betonte er extra, dass er ja jetzt der Vorgesetzte sei und eine besondere Verantwortung habe«, beschrieb Alexander die widersprüchlichen Signale. »Als wir beim Mitarbeitergespräch durchgegangen sind, welche Ziele ich erreicht hatte, kam es mir richtig gönnerhaft vor, wie er die Punkte in meiner Bewertung verteilte. Auf Dauer muss ich das nicht haben.«

Generell wünschte er sich, was ihm vorher gar nicht klar gewesen war: mehr Abstand von der Arbeit und den Kollegen. »Ich sitze jetzt schon abends oft noch zu Hause für die Firma am Computer. Irgendwann muss es auch einmal gut sein«, meinte er. Ihm war auch aufgefallen, dass er anderen gegenüber inzwischen oft schroffer auftrat, als es sonst seine Art war. »Das zeigt mir, dass es mich wirklich nervt und ich etwas ändern muss.« Aber was genau, war ihm unklar: »Mehr Homeoffice, bewusst zum *Sie* zurückkehren? Damit würde ich mich aber komplett ins Abseits stellen.«

Ganz eng, ohne sich wirklich zu kennen

Wer erinnert sich nicht noch an die Verwirrung, als Facebook seinerzeit aus den USA zu uns kam. Jeder längst vergessene Spielkamerad aus der Grundschule, jedes verunglückte Date und jeder neugierige Arbeitskollege schickte plötzlich eine Kontaktanfrage und wollte ein »Freund« sein. Plötzlich hatte man Hunderte – manche Tausende – biografische Altlasten zurück, die täglich ihre Ansichten mitteilten, liebevoll beachtet und betreut werden wollten. Das hat mit der amerikanischen Mentalität zu tun, die damit ein Stückchen weiter zu uns kam: Da gilt praktisch jeder als Freund, selbst wenn er bestenfalls ein flüchtiger Bekannter ist.

Ich stand einmal vor einem Museum in New York in der Warteschlange und kam mit einer älteren Dame ins Gespräch, die noch auf ihre Freundinnen wartete. Eine halbe Stunde später traf ich die Gruppe, nun vollständig, in den Ausstellungsräumen wieder. Stolz stellte die Frau mich den anderen vor: »Mein Freund aus Deutschland!« Ich dachte verblüfft: »So schnell geht das hier?!« Eine ähnliche Situation in Kalifornien. Eine ältere Frau dort meinte unbekümmert: »Aus

Deutschland also – sind Sie mit Hitler verwandt? Ich: »Ähm, nein – und der war auch aus Österreich. Wie geht es Ihnen?« Freunde müssen manchmal einiges verzeihen können.

Hohe Ansprüche

Wie wir im Coaching gemeinsam herausfanden, war Alexander klar geworden, dass ihm die heute oft praktizierte Vermischung von Berufs- und Privatleben gar nicht entsprach. Er war zu der Einschätzung gekommen, dass die Nachteile für ihn die Vorteile überwogen. Zwar hatte er seine Stelle durch einen privaten Kontakt bekommen, auch einen engeren Zugang zu seinem Vorgesetzten, weil der eben ein langjähriger Freund war. Gleichzeitig verfügte die Firma weitgehend über seine Freizeit, sei es durch zusätzliche Arbeit oder Team-Aktivitäten, und es war für Alexander in beiden Fällen fast unmöglich, sich abzugrenzen. Die Unternehmenskultur war auf Distanzlosigkeit angelegt, solange es für die Führungskräfte vorteilhafter schien. Gab es allerdings einen Konflikt, wurde sofort klargestellt, wer Chef war und wer Mitarbeiter.

Beidseitiger Nutzen

Auf einer tieferen Ebene zeigte sich, dass Alexander eher traditionelle Vorstellungen davon hatte, wen er als Freund betrachtete. Mit wem er in seiner Freizeit beispielsweise ins Restaurant oder zum Sport gehen wollte. Es waren jedenfalls nicht sämtliche Kollegen des Unternehmens, mit denen ihm eine gute professionelle Zusammenarbeit genügte. Er wollte nicht jeden in seinen engeren Zirkel aufnehmen. Das begann bereits damit, dass er nicht dazu gezwungen werden wollte, seine Kollegen nach dem gemeinsamen Tag auch noch nach Feierabend sehen zu müssen, wenn zu Hause seine Partnerin und persönliche Freunde auf ihn warteten. Er war in diesem Bereich gut versorgt und hatte keinen Bedarf an dem Angebot seines Arbeitgebers, wie dessen Motive auch waren. Mehr noch, er fühlte sich bedrängt, was seine Beziehungen zum Team eher verschlechterte.

Was die Beziehung zu seinem Vorgesetzten anging, gaben sich beide erkennbar einer nostalgischen Illusion hin. Sie waren nicht mehr die engen Freunde wie in unbeschwerten Studententagen. Sein Vorgesetzter förderte unbedacht diesen falschen Eindruck, indem er Alexander weiter in gewisse Dinge einweihte oder mit ihm wie mit einem Kumpel umging, nur um sich bald danach selbst zu korrigieren. Seiner jetzigen Rolle war das nicht mehr angemessen. Alexander hatte angenommen, dass sie eine *Partnerschaft unter Gleichen* haben würden, seine hierarchische Unterordnung nur eine Formalie war. Sein Chef sah das anders und machte das autoritär klar, wenn immer der freundschaftliche Stil an seine Grenzen stieß.

Unangenehme Realitäten, nett verpackt

Wer jemals in einer Organisation gearbeitet hat, in der Konflikte angeblich *wertschätzend* und *partnerschaftlich* gelöst werden, fühlt sich an unglückliche Ehepaare erinnert, die sich wegen der Kinder nicht offen streiten oder gar trennen. Kein offener Streit, dafür ironische Kommentare, sarkastische Bemerkungen, hämische Blicke und demonstratives Ausatmen, wenn der andere sich nur falsch hinsetzt. Wer es bevorzugt, dass offenkundige Probleme unterdrückt oder süßlich verkleistert werden, der sollte passiv-aggressive Kommunikation lieben lernen. Jeder andere zieht einen gelegentlichen klärenden Krach vor. Kurzes Gewitter, aber danach ist die Luft wieder rein.

Man kann eben nicht alle unangenehmen Fakten gefällig verpacken. Wer es trotzdem versucht, ist so glaubwürdig wie jemand, der beim Schlussmachen sagt: »Es liegt nicht an dir! Du bist ein ganz toller, wertvoller Mensch. Lass uns bitte Freunde bleiben.« Verständlich, dass der andere dann am liebsten antwortet: »Ach, halt doch die Fresse. Wenn du mich schon sitzen lässt, dann rühr dich nicht auch noch mit deinem selbstgefälligen Kitsch selbst zu Tränen! Außerdem ist doch völlig klar, dass du schon jemand Neues hast.« Eine echte Freundschaft muss man sich verdienen, die ist keine flexible Downgrade- oder Upgrade-Option.

Verbesserte Arbeitsatmosphäre

Hilfreich ist auch hier, ein wenig die Gegenseite zu verstehen. Alexanders Arbeitgeber folgt einer Forderung, die vielfach erhoben worden ist: für eine angenehme, menschlichere Atmosphäre zu sorgen, in der die Distanz zwischen Vorgesetzten und Mitarbeitern geringer ist. Wo sich jeder einbringen kann, »wie er wirklich ist«, was das auch heißen mag.

Dagegen steht, dass ein unternehmerischer Zweck weiterhin der Grund ist, warum man überhaupt zusammenkommt, warum Umsatz- und Gewinnziele bestehen und technische, wirtschaftliche und organisatorische Herausforderungen zu lösen sind. Freundschaften beim Arbeitgeber sind ein schöner Nebeneffekt, aber nicht der Grund des Zusammentreffens. Bewerten Sie diesen Aspekt daher nicht zu hoch.

Wenn Sie sich daran stören, dass berufliche und private Aspekte an Ihrem Arbeitsplatz zu stark vermischt werden, hilft es wenig, den Vorgesetzten und Mitarbeitern einen Vorwurf zu machen. Möglicherweise fühlen sie sich wohl damit und es passt so sehr gut für sie. Die Unternehmenskultur wird nicht von einzelnen Personen gestaltet und lässt sich ebenso nicht beliebig individualisieren.

Lassen Sie Ihren Missmut auch nicht an anderen aus. Das würde sie nur verärgern, danach auf Sie zurückfallen und zu weiteren unnötigen Konflikten führen. So wäre es bei einem

Interessenkonflikt kindisch, von einem Vorgesetzten oder Kollegen zu fordern, dass er sich zwischen Ihnen und dem Arbeitgeber »entscheiden« solle. Ebenso, nach einem Streit eingeschnappt jeden privaten Kontakt komplett zu beenden, z. B. nie mehr zum gemeinsamen Mittagessen mitzukommen.

Ein Wechsel kann die Freundschaft erhalten
Oft wird eine bestehende Freundschaft stark belastet, wenn einer zum Vorgesetzten des anderen wird oder beide als Kollegen miteinander konkurrieren, sich etwa um denselben Job bewerben. Dann kann es besser sein, wenn einer freiwillig die Abteilung oder das Unternehmen wechselt. So, wie es bei Liebesbeziehungen am Arbeitsplatz üblich ist. Vielfach lässt sich das sogar mit einem Karriereschritt für den Wechselnden verbinden. Das erhält die Freundschaft und erlaubt wieder einen unbeschwerten privaten Umgang miteinander.

Nicht von lockerer Firmenkultur täuschen lassen

Die erfolgreichere Strategie ist, am Arbeitsplatz immer klar zwischen dem äußeren Anschein und den realen Gegebenheiten zu unterscheiden. Machen Sie sich keine Illusionen: Das Umfeld mag in einigen Aspekten aufgelockert sein (z. B. Duzen und Freizeitkleidung auch für Führungskräfte, wohnliche Büroeinrichtung, Aufgaben gemeinsam aufteilen).

Gleichwohl handelt es sich weiterhin um ein professionelles Umfeld mit einem Unternehmenszweck, Hierarchien und Rivalitäten. Wer Sie beurteilen, abmahnen und entlassen kann, ist in dieser Rolle immer zuerst Ihr Vorgesetzter, nicht Ihr ebenbürtiger Freund. Im Zweifel geht die formelle Konstellation laut Organigramm, Stellenbeschreibung und Arbeitsvertrag vor. Das ist nicht schlimm, nur realistisch.

Genießen Sie gleichzeitig freundschaftliche Kontakte am Arbeitsplatz, wo sie sich ergeben. Sie können den beruflichen Alltag bereichern und angenehm machen. Selbst engere Bindungen sind schön, etwa die Patenschaft für das Kind eines Kollegen zu übernehmen, Trauzeuge zu werden oder ein gemeinsamer Urlaub. Ich habe letzteres selbst einige Male mit einem Kollegen gemacht, es war ausgesprochen schön.

Bedenken Sie aber immer, dass sich nichts zurücknehmen lässt. Haben Sie vor einem befreundeten Kollegen einmal über den Chef gelästert, über Eheprobleme oder Schulden gesprochen, waren Sie bei einer Firmenfeier stark betrunken oder haben mit jemandem rumgeknutscht, wird man Sie für immer mit anderen Augen sehen. Grundsätzlich gilt daher: Professionalität ist auch Selbstschutz.

Viele Möglichkeiten

Den Erfolg Ihrer veränderten Strategie sehen Sie daran, dass Sie sich nicht mehr daran aufreiben, gegen die Unternehmenskultur und ihre Vertreter – Vorgesetzte und Kollegen – zu kämpfen. Sondern die angebotenen Möglichkeiten entspannt nutzen, soweit es für Sie vertretbar ist. Beispielsweise gelegentlich mit allen in die Kantine gehen oder in der Freizeit etwas unternehmen, wenn das dort eben allgemein üblich ist. Aber aufmerksam darauf achten, was dabei in Ihnen vorgeht und wo Sie Ihre Grenze spüren.

Mittelfristig sollten Sie bei ständigem Widerwillen zu einem Arbeitgeber wechseln, dessen Kultur und Stil besser zu Ihnen passen. Es gibt Menschen, die stark hierarchische Strukturen mit autoritärer Führung bevorzugen, weil sie sie als klar und berechenbar empfinden. Andere schätzen flache Hierarchien mit einem lockeren Umgang, die ihnen persönlicher und familiärer erscheinen. Manche arbeiten gern im Team, andere lieber allein oder nur projektbezogen mit anderen. Nichts davon ist besser als das andere. Wählen Sie, was Ihnen entspricht. Sie ersparen sich damit Reibungsverluste.

Eine offene Aussprache

Alexander entschied sich, seinen Zwiespalt seinem Chef gegenüber anzusprechen. »Wir kennen uns so lange. Wenn ich mit ihm nicht ehrlich sein kann, mit wem dann?« Es stellte sich heraus, dass es seinem Freund und nunmehrigen Vorgesetzten ähnlich ging. Auch er fühlte sich seit Langem unwohl dabei, in dieser Konstellation verbindliche Anweisungen geben und manchmal die Chef-Karte ausspielen zu müssen, wenn eine Diskussion sonst nie ein Ende fand. Den drohenden Konflikt hatte er unterschätzt, als er seinen professionell und persönlich geschätzten Kumpel in sein direktes Team geholt hatte.

Sie beschlossen, ihre Freundschaft für die Dauer ihrer Zusammenarbeit ruhen zu lassen, also privat nichts mehr zusammen zu unternehmen. Alexander bewarb sich gleichzeitig extern und war bald bei einem Konkurrenzunternehmen erfolgreich. Er hatte dort schon im Bewerbungsgespräch den Eindruck gewonnen, dass der Ton straffer und wettbewerbsorientierter war – das passte besser zu ihm. Nach dem Wechsel nahm er den Kontakt zu seinem vorherigen Chef erneut auf. Sie trafen sich ab diesem Zeitpunkt wieder, zwar nicht mehr so häufig wie früher, nun aber ebenbürtig und unbelastet.

Die echten Chefs

Wie echt die angebliche Lockerheit in einem Unternehmen wirklich ist, zeigt sich daran, wie das oberste Gremium und einfache Mitarbeiter miteinander interagieren. Es ist oft geradezu amüsant zu beobachten, wie das Duzen auf einmal nur noch einseitig ist, zackig die Hacken zusammengeschlagen werden und man sich mit Bückling verabschiedet. Später kann man ja allemal wieder so tun, als wäre man mit denen ganz oben so richtig eng. Gleichzeitig gibt es immer irgendwo den Hausmeister, Portier oder Techniker, der jeden duzen darf und alle kennt. Das ist keine Ahnungslosigkeit oder Arroganz. Diese Leute wissen nur, wer den Laden wirklich am Laufen hält und dass sie länger bleiben werden als jeder Vorstand. Diese Sicherheit entspannt mehr als jeder »Manager«-Titel, der am Ende doch häufig nur eine Sachbearbeiter- oder Referentenstelle ein wenig wichtiger klingen lassen soll. Das technische Personal muss nichts Aufhübschen, sondern weiß, dass es im Zweifel am längeren Hebel, an den wichtigen Knöpfen und Zugängen sitzt.

Eine kleine Übung: Kollegen auf eine andere Art als bisher kennenlernen

Sie können Konflikte zwischen Berufs- und Privatleben reduzieren, wenn Sie dieses Spannungsfeld vorteilhafter für sich gestalten. Diese kleine Übung kann Ihnen dabei helfen. Sehen Sie im Intranet nach oder erfragen Sie, welche geistigen, kulturellen oder sportlichen Aktivitäten angeboten werden. Manche Firmen haben Sprach-, Fitness- oder Yoga-Kurse, andere Sprachunterricht in der Mittagspause oder Laufgruppen. Probieren Sie mindestens ein Angebot davon ein- bis zweimal aus. Möglicherweise ist es für Sie nicht nur kostengünstig und zeitlich praktisch. Sie lernen vielleicht auch andere Kollegen kennen, mit denen Sie ein echtes Interesse über die Arbeit hinaus verbindet.

BEGINNEN WIR DOCH MIT SCHÖNEN PR-BROSCHÜREN

Jessica bekommt genaue Sprach- und Bildvorgaben für Firmenunterlagen, um die angebliche personelle Vielfalt bei ihrem Arbeitgeber zu zeigen. Ihr kommt das verlogen vor. Die Lektion: Sie müssen nicht jeden Schwindel mitmachen.

Im Rückblick wunderte sich Jessica über die Offenheit ihres Vorgesetzten schon beim Vorstellungsgespräch. Sie hatte sich als PR-Managerin beim Energieversorger ihrer Heimatstadt beworben. Nach der gegenseitigen Vorstellungsrunde beschrieb er ihr die Aufgaben, die mit der ausgeschriebenen Stelle verbunden waren. »Wir sind hier für alle Materialien verantwortlich, die für die Kommunikation benötigt werden. Am wichtigsten aber ist unser Jahresbericht«, sagte er und blätterte vor ihr die letzte Ausgabe auf. »Unsere Eigentümer, alles Körperschaften des öffentlichen Rechts, stehen stark im Blick der Politik und der Medien. Daher ist es wichtig, dass wir nach außen ein bestimmtes Bild abgeben.«

Er drehte das Heft um und hielt ihr die ganzseitige Abbildung einer Ingenieurin an einer Turbine hin. Eine attraktive Frau, offensichtlich arabisch. »Eigentlich haben wir bei uns Frauen nur im Betriebskindergarten, hier im Marketing und in der Personalabteilung. Elektroingenieur wollen ja doch die wenigsten werden«, sagte er und lächelte fein. »Aber wir wollen wenigstens zeigen, dass wir dafür offen sind, natürlich auch für Menschen mit Migrationshintergrund.« Jessica fragte verblüfft: »Ist das ein Agenturfoto?« Ihr späterer Chef winkte ab und meinte freimütig: »Aber nein, ein Modell, haben wir extra engagiert. War nicht billig, kam aber gut an. Und, wann könnten Sie bei uns anfangen?«

Vom guten Willen zur bewussten Irreführung

Jessica hatte ihr Coaching gebucht, weil sie sich Gedanken über ihre berufliche Zukunft machen wollte. Sie war vom klassischen Journalismus in die Unternehmenskommunikation gewechselt, nun im zweiten Jahr bei dem Energieversorger und fühlte sich dort zunehmend unwohl.

»Mir war klar, dass es in dem Job um eine gute Außendarstellung geht«, sagte sie. »Das ist eben PR, das stört mich nicht. Aber ich hatte nicht erwartet, dass mir bis ins Detail vorgeschrieben wird, welche Worte und Fotos ich verwenden darf. Manches ist aus meiner Sicht inzwischen auch nicht mehr nur geschönt, sondern bewusste Irreführung.« Vor allem störte sie, welche politischen Positionen damit verbunden waren: »Ich bin eher liberal-konservativ. Was ich jetzt verbreiten soll, dahinter kann ich nicht stehen. Wenn ich das will, kann ich gleich für die Grünen arbeiten.«

Vielen Klienten zwischen Ende 30 und Mitte 40 geht es darum, stärker ihren eigenen Überzeugungen gemäß zu leben und zu arbeiten. Waren sie in den Anfangsjahren ihrer Karriere noch eher bereit, auch einmal etwas pragmatisch zu vertreten, was ihnen gar nicht entsprach, soll sich das nun ändern. Das kann zu unerwarteten Konflikten führen. In seiner Eigendarstellung erklärt der Arbeitgeber möglicherweise ausdrücklich, dass er sich *authentische* und *werteorientierte*

Mitarbeiter wünschen würde. Bei inhaltlichen Differenzen muss der Mitarbeiter dann feststellen, wie das gemeint war: nur nach den Wunschkriterien des Arbeitgebers selbstverständlich. Als Coach unterstütze ich diese Klienten dabei, sich nicht lange mit Empörung darüber aufzuhalten, sondern einen neuen, passenderen Weg für sich zu finden.

Gut gemeinte Übertreibungen

»Ich bin bestimmt dafür, dass positive gesellschaftliche Entwicklungen unterstützt werden, auch von Unternehmen«, sagte Jessica in unserem ersten Gespräch. »Deswegen bin ich damals zur Zeitung gegangen und Journalistin geworden: Um Missstände und Ungerechtigkeiten zu zeigen und damit Leuten zu helfen, auf die sonst keiner achtet.«

Sie stammte aus einer Arbeiterfamilie, hatte Abitur und Fachschulstudium auf dem zweiten Bildungsweg nachgeholt und empfand sich daher als sensibilisiert für Benachteiligungen. »Was mich stört, sind diese einseitigen Übertreibungen und Manipulationen. Wenn jemand die Gesellschaft voranbringen will, soll er bei sich anfangen und sich nicht vor allem mit PR-Aktionen durchmogeln wollen.«

Diese Methode fiel ihr nicht nur bei ihrer Arbeit auf, sondern überall. »Alle präsentieren jetzt ihre angeblich *bunten* Teams und Kunden«, meinte sie. »Fast immer mit Agenturfotos: ein afrikanischer Chef, der einer arabischen und einer asiatischen Mitarbeiterin etwas erklärte. Dabei sieht jeder, dass das mit Models in den USA gestellt wurde.«

Kompliziert wurde es für sie wegen all der unterschiedlichen Wünsche: »Wir wollen ja nicht nur *vielfältiger* und *weiblicher* werden, sondern auch *jünger* und *moderner*. Dafür nehmen wir dann Bilder von kalifornischen Hipster-Typen Ende 20. Kariertes Hemd, Vollbart, Tattoos. Dabei arbeitet bei uns eher die deutsche Pollunder-Fraktion um die 40.«

Da das Schreiben noch immer ihre liebste Tätigkeit war, störte es sie besonders, welch detaillierte Sprachvorgaben sie inzwischen bekam. »Ich würde privat nie *Lernende* oder *Mitarbeitende* sagen«, meinte sie. »In den Stellenanzeigen müssen wir von drei – oder vielen – Geschlechtern sprechen, in den anderen Texten explizit von Männern und Frauen.« Mit der Realität habe das wenig zu tun: »Wir hatten noch nie einen diversen Kollegen oder Bewerber, und die Firma gibt es schon ein paar Jahre. Das versteht alles kein Mensch mehr.«

Zudem änderten sich die Vorgaben ständig: »Erst wollten wir die *Erderwärmung* aufhalten, dann gleich den *Klimawandel.* Ein Jahr später sollte es *Klimakrise* heißen, weil das dramatischer klingt und so angeblich mehr bewirkt. Jetzt meinte mein Chef, dass *Klimazerstörung* das angesagte Wort dafür wäre. Alles soll am besten auch auf *Gerechtigkeit* gedreht werden – *Klima-, Geschlechter-, Generationen-, Verteilungsgerechtigkeit.* Wir sind als Unternehmen natürlich für alles.«

Sie hatte beobachtet, dass manche im Team von diesem Trend auch profitierten. »Ein Kollege hat sich die Schwulen-Nische gesichert. Postet ständig Regenbogen-Flaggen auf Instagram, trägt Regenbogen-Socken in Büro und hat nur noch dieses Thema. Ansonsten leistet er nichts dafür, spielt sich aber als *Diversity-Experte* auf.« Das fiel ihr bei den entsprechenden Experten generell auf: »Bei einer Agentur, die uns in Sachen Vielfalt beraten wollte, habe ich mal die Ansprechpartner auf der Webseite durchgezählt. Von den 29 aufgeführten Mitarbeitern waren 27 Frauen. Aber von anderen Quoten fordern!«

Ihr erschien die ganze Strategie kontraproduktiv, wenn man wirklich etwas verbessern wollte. »Ich betreue ja auch unsere LinkedIn-Seite. Da haben wir es nun häufig, dass – wenn sich einer unserer Mitarbeiter angeblich falsch geäußert hat – jemand in seinem Kommentar sofort unsere Seite und unseren Vorstand markiert und demonstrativ fragt: ›Ist das die Position des Unternehmens?‹ Das ist für mich Denunziation und Erpressung, ein ganz ekliger Stil.«

Am liebsten wollte sie mit der ganzen PR nichts mehr zu tun haben, hatte andererseits aber auch die Idee, dann eventuell für eine politische Partei oder Organisation zu arbeiten, die ihren Vorstellungen entsprach. »Aber kommt man da so einfach rein?« Einfach zu kündigen kam für sie nicht infrage, weil sie keine Arbeitslosigkeit riskieren wollte.

Gefälschte Bilanzen sind keine Erfindung der Neuzeit

Wer je in einem öffentlichen Betrieb oder in einem Konzern, vielleicht sogar noch börsennotiert, gearbeitet hat, der weiß, welche Angst vor der Öffentlichkeit gerade dort herrscht. Das kann zu skurrilen Verrenkungen führen. Ein Freund war für ein Unternehmen tätig, das sich mit einem Imagevideo als Arbeitgeber präsentieren wollte. Die Mitarbeiter der betreffenden Abteilung wurden aber gebeten, am Drehtag zu Hause zu bleiben. Denn im Video auftreten durften nur vier Führungskräfte. Das Team wurde durch Schauspieler dargestellt, die man extra engagiert hatte. Die echten Kollegen, die die Arbeit erledigten, waren wohl nicht glamourös genug.

Das ist ein bisschen wie in der berühmten, wenn auch historisch falschen Geschichte über den russischen Feldmarschall Potemkin. Für den Besuch seiner Zarin Katharina der Großen in einer neu besiedelten Region ließ er angeblich Kulissendörfer aufbauen, um ihr vorzutäuschen, wie entwickelt und wohlhabend es dort schon sei. Geschönte Bilanzen sind also keine Erfindung der Neuzeit. Nur erscheinen die »Potemkinschen Dörfer« heute in Form von Eigenanzeigen, Imagebroschüren, Jahres- und Nachhaltigkeitsberichten. Sieht gut aus, vor allem aus der Ferne. Man sollte eben nur nicht hinter die Kulissen schauen. Dann würde man wahrscheinlich auch entdecken, dass hinter all dem schönen Hochglanzkram nicht besonders viel Realität steckt.

Symbolische Handlungen

Wie wir schnell herausfanden, war Jessica anfangs davon ausgegangen, mit dem früh erkennbaren opportunistischen Herangehen ihres späteren Arbeitgebers umgehen zu können. Das hatte sich geändert. Das Unternehmen, das im Blickpunkt der Öffentlichkeit stand, wollte inzwischen den Repräsentationswünschen aller denkbaren Gruppen gleichzeitig nachkommen. Wenn das schon praktisch nicht möglich war, dann sollte es wenigstens symbolisch geschehen. Jessica war dabei klar geworden, dass sie diese Art der Führung heuchlerisch fand, auch feige. Für sie wäre es viel authentischer, zur realen Situation zu stehen (z. B. wenige weibliche Ingenieure), über eigene Bemühungen zu sprechen und sich nicht jedem Anspruch von außen zu beugen.

Verschiedene Definitionen

Auf einer tieferen Ebene ging es bei Jessica darum, dass sie bei ihrer ersten Tätigkeit im neuen Umfeld PR feststellte, dass Kommunikation hier anders definiert wurde, als sie es selbst tat und bisher praktiziert hatte. Nicht mehr im Sinne von *Berichterstattung*, wie etwas also wirklich ist, sondern als *Vision*, wie es sein sollte. Möglich und üblich ist beides. Ersteres im klassischen Journalismus, Zweiteres im Aktivismus von Parteien, Kirchen, NGOs, Interessen- oder Selbsthilfevereinen. Bei ihrem Arbeitgeber erlebte sie, dass er beides auf eine Weise vermischte, die ihr wie unzulässige Retusche der Realität vorkam. Wie Werbung, die sich als echt ausgibt, obwohl jeder die Täuschung durchschaut.

Ein weiterer Aspekt war die mangelnde Freiwilligkeit. Jessica fühlte sich ständig gezwungen und fremdbestimmt, und zwar in ihrem privatesten Bereich, was sie nämlich dachte und wie sie sich ausdrückte. Eine Zeit lang erledigte sie – schon allein, weil sie als Angestellte dazu verpflichtet war –, was gewünscht wurde beziehungsweise gerade notwendig war. Aber je mehr sie mit all den unterschiedlichen, oft ganz widersprüchlichen Erwartungen konfrontiert wurde, desto größer wurde ihre Abneigung dagegen. In einem unserer Gespräche formulierte sie das Dilemma so: »Wir wollen es allen recht machen und machen es damit am Ende wohl keinem recht.« Sie hatte den Punkt erreicht, dass ihr der Preis für ihren Pragmatismus zu hoch geworden war.

Umbenennen verändert noch gar nichts

Zu den populären Thesen unserer Zeit gehört die sogenannte »Sapir-Whorf-Hypothese«: die Annahme mancher Sprachwissenschaftler, dass die Sprache das Denken formen würde. Wenn man etwas nur entsprechend benenne, würden die Leute die Sache bald schon auch so sehen. Das hat noch nie geklappt. So glaubte auch nach 28 Jahren keiner, dass die Berliner Mauer eigentlich ein »antifaschistischer Schutzwall« sei. Oder nach 400 Episoden »Deutschland sucht den Superstar« keiner, dass dort tatsächlich *Superstars* gefunden würden. So deutet alles eher darauf hin, dass Sprachwissenschaftler idealistische Theoretiker sind.

Im Marketing hat diese Praxis des Schönredens ihr natürliches Zuhause. Wenn zerriebenes Wurzelpulver als »Kaffeesurrogatextrakt« beworben wird, schmeckt es vielleicht viel besser, als wenn man wie einst Oma weiterhin »Muckefuck« dazu sagt. Das »Retina-Display« von Apple ist eigentlich ein ganz normales HD-Display, noch dazu von Samsung oder

LG hergestellt. Aber vielleicht lassen sich manche beeindrucken, wenn man dem Kind einen besonders schönen eigenen Namen gibt! Aber selbst in diesem Umfeld der professionellen Märchenerzähler ließ sich die Wahrheit nie ganz leugnen: »Raider heißt jetzt Twix, sonst ändert sich nix!«

Es allen recht machen wollen

Auch hier hilft es wieder, einen Blick auf die Gegenseite zu werfen. Jessicas Arbeitgeber ist erkennbar von den gesellschaftlichen, ökologischen und sozialen Diskursen getrieben, die seine Eigentümer ebenfalls mitverfolgen. Er will sich nicht angreifbar machen, jede Kritik vermeiden, allen Wünschen nachkommen. Zu einem schlüssigen Gesamtbild lässt sich das kaum noch zusammenfügen. Zusätzliches Problem: Jeder Außenstehende kann etwas fordern, ohne sich um Umsetzung und Konsequenzen kümmern zu müssen. Das Unternehmen steht dagegen vor personellen, organisatorischen, technischen und wirtschaftlichen Grenzen. So weicht es in Absichtserklärungen und symbolische Handlungen aus.

Wenn Sie – wie Jessica – mit ideologisch geprägten Vorgaben am Arbeitsplatz konfrontiert sind, die Ihren eigenen Überzeugungen widersprechen, hat es wenig Sinn, mit Ihrem Vorgesetzten darüber zu streiten. Er setzt auch nur um, was ihm aufgetragen worden ist, und muss sich für das Ergebnis rechtfertigen. Eventuell sieht er das Thema privat auch anders oder möchte sich gar nicht tiefer damit beschäftigen.

Sie können die Spielräume ausloten, sollten aber anerkennen, dass die Richtung vorgegeben ist. Ewige inhaltliche Diskussionen machen das Arbeiten auf Dauer für alle unmöglich und können zu disziplinarischen Konsequenzen für Sie führen. Ebenso wenig empfehlenswert ist es allerdings, sich dauerhaft zu verleugnen und lange faule Kompromisse einzugehen. Sie würden unzufrieden und zynisch.

Neue Ansichten offen prüfen, dann selbst entscheiden

Die erfolgreichere Strategie ist, sich grundsätzlich zuerst einmal offen auf neue Ansichten einzulassen, auch wenn sie möglicherweise früh erkennbar nicht die eigenen werden. Trotzdem die Idee dahinter kennenzulernen und für sich zu prüfen. Könnten Sie sich mit Einzelaspekten anfreunden, gewinnen Sie eine interessante neue Perspektive oder lässt sich etwas anderes daraus nehmen? Sie kommen damit zu einer fundierten Entscheidung, anders als bei einer schnellen emotionalen Reaktion. Gleichzeitig gewinnen Sie die Zeit, die Sie beispielsweise für einen eventuellen Jobwechsel brauchen. Selbst unter den besten Umständen sind für einen regulären Bewerbungsprozess zwei bis sechs Monate notwendig.

Langfristig sollten Sie nicht in einem Umfeld bleiben, das Ihren Überzeugungen und Werten weitgehend widerspricht. Manchmal genügt der Wechsel in eine Abteilung, die weniger exponiert oder nicht mit derart strittigen Themen beschäftigt ist. Ansonsten: zu einem weniger politisierten Arbeitgeber – Mittelstand, Privateigentümer – oder in die Selbstständigkeit wechseln. Warten Sie maximal zwei bis drei Jahre.

Bei manchen Arbeitgebern, die naturgemäß bestimmte Positionen vertreten und das auch gesetzlich von allen Mitarbeitern erwarten dürfen (z. B. Medien, Partei, Gewerkschaft, Kirche), bleibt manchmal nur der Berufswechsel. Aber auch das ist lösbar. Erkundigen Sie sich in diesem Fall nach einer eventuell sinnvollen Umschulung oder Weiterbildung. Auch solch ein Umstieg ist nicht selten und machbar.

Klar, aber nicht starr

Dass Ihre veränderte Strategie funktioniert, erkennen Sie daran, dass Sie sich nicht mehr in immer neue Grundsatzdiskussionen hineinziehen lassen oder überhaupt gedanklich damit befassen: hier Ihre Zustimmung formulieren, da Ihre Ablehnung ausdrücken und wortreich rechtfertigen. Vielmehr richten Sie Ihre Energie darauf, sich ein Umfeld zu suchen, das Ihren grundlegenden Überzeugungen und Werten entspricht. Das wird nie in jedem Detail der Fall sein. Dies ist auch nicht notwendig und wäre langweilig. Aber so können Sie sich ohne ständige Reibungsverluste oder ewige Verleugnung produktiv und authentisch einbringen.

Werden Sie vor allem schnell aktiv, wenn Sie bestimmte Themen beziehungsweise deren Ablehnung gar nicht mehr loslassen. Sie nicht mehr schlafen können, auch in privaten Gesprächen immer wieder darauf zurückkommen, nur noch an Gegenargumente denken. Das überlastet Sie.

Bleiben Sie gleichzeitig offen für das respektvolle Gespräch mit jemandem, der in einigen fundamentalen Punkten vielleicht ganz anders als Sie denkt, in manchen dafür wiederum oft überraschend ähnlich. Bei solch einem respektvollen Austausch geht es dann nie darum, den anderen zu überzeugen. Sondern sich gegenseitig kennenzulernen und anzuerkennen, dass man die Welt ganz unterschiedlich sehen kann.

Keine Meinung zu haben ist auch erlaubt
Zur persönlichen Entscheidungsfreiheit gehört auch, zu gewissen Themen gar keine Meinung zu haben. Weil sie Ihnen weniger wichtig oder sogar gleichgültig sind, Sie überhaupt nicht betreffen oder von Ihren eigenen Prioritäten ablenken. Lassen Sie sich nicht von interessierten Kreisen einreden, dass Sie über alles informiert sein, sich überall betroffen fühlen und bei jedem Thema eine *Haltung zeigen* müssten, nur weil sich das manche so wünschen. Sie dürfen eigene Schwerpunkte setzen, wie es die anderen auch tun.

Schrittweiser Übergang

Jessica hatte sich vorgenommen, insgesamt drei Jahre in ihrer aktuellen Position zu bleiben, also noch ein knappes Jahr. Daran wollte sie nach Abwägen der Vor- und Nachteile festhalten. »Auch wenn mich vieles stört, kann ich noch manches lernen und meine Kontakte ausbauen. Außerdem will ich nicht, dass es in meinem Lebenslauf so aussieht, als hätte ich es nicht geschafft oder wäre schnell weitergezogen.« Gleichzeitig bereitete sie eine spätere Selbstständigkeit als freie Texterin und PR-Expertin vor, dann nur noch im Homeoffice.

Sie reduzierte dafür ihre Arbeitszeit auf 80 Prozent und kümmerte sich an dem frei gewordenen Werktag darum, eine Webseite aufzubauen und ersten potenziellen Kunden ihr Angebot zu schicken. »Ich darf meinem Arbeitgeber keine Konkurrenz machen und habe mich deshalb auf technische Start-ups spezialisiert.« Sie genoss es, dass politische und ideologische Themen dabei kaum eine Rolle spielten. »Wenn ich das will, kann ich auf Facebook darüber diskutieren. Den ganzen Tag muss ich das aber nicht mehr haben.«

Nie echte Vorteile

Besonders ärgerlich bei den heute frei wählbaren *Identitäten* ist es, dass man sich weiterhin nichts aussuchen darf, was beruflich wirklich vorteilhaft wäre. Sich bei einer Bewerbung mit 45 beispielsweise ungestraft zehn Jahre jünger *identifizieren. Gefühlt* einen Master haben, auch wenn es eigentlich nur die Fachschule war. Eine günstigere Steuerklasse geltend machen, weil man sich *öffentlich dazu bekannt* hat, was doch auch Mut erfordert. Selbst die Bewerbung als weibliche Führungskraft, obwohl man ein Mann ist, aber gern mögliche Quotenvorteile nutzen möchte, wird leider noch immer kritisch gesehen. Es gibt noch viel zu tun, bis endlich jeder von den ungerechten Einschränkungen der Realität befreit ist.

Einiges kann man da von der Politik lernen. Da wimmelt es nur so von schwer vermittelbaren Leuten ohne irgendeine Berufsausbildung oder bestenfalls mit exotischen Nischenstudien, die auch nach zehn Jahren an der Uni keinen Abschluss gefunden haben. Mancher kennt die Wirtschaft überhaupt nur von einem Schülerpraktikum. Gleichzeitig trauen sie sich locker zu, Ministerien mit tausenden Mitarbeitern und dreistelligen Millionenbudgets zu führen. Darüber darf man sich nicht aufregen, sondern sollte sich inspirieren lassen: Wer den Willen hat, kann also auch bei ungünstigster Ausgangslage sehr viel erreichen!

Eine kleine Übung: Ihre eigenen Werte und Überzeugungen einbringen

Sie arbeiten mit mehr Engagement und weniger Widerständen, wenn Sie sich etwas widmen, das Sie persönlich unterstützenswert und sinnvoll finden. Diese kleine Übung kann Ihnen dabei helfen. Schreiben Sie dafür auf mindestens einer halben A4-Seite auf, was Sie besonders geprägt hat (z. B. Ihre Herkunft, biografische Erlebnisse) und welche Hilfen auf Ihrem bisherigen Lebensweg entscheidend waren. Bestimmte Personen, Organisationen, Empfehlungen? Überlegen Sie danach, was Sie wiederum an andere weitergeben könnten und wie. Das kann im Beruf geschehen, etwa als Mentor, aber auch in einem Ehrenamt oder in einer privaten Initiative. Bei Interesse gehen Sie die Idee danach auch praktisch an.

SCHLANKE STRUKTUREN HEISST FETTER ÄRGER

Als Verena bei ihrem Arbeitgeber anfing, wurden ihr schlanke Hierarchien und flexible Zeitmodelle als Vorteile verkauft. Bald zeigte sich, dass sie damit nur ausgenutzt wird. Die Lektion: Lassen Sie sich nicht alle Verantwortung anhängen.

Es brauchte einige anstrengende Monate, bis Verena endlich klar geworden war, dass sie die Stellenanzeige ihres neuen Arbeitgebers seinerzeit gründlich missverstanden hatte. Von »flachen Hierarchien« war darin die Rede gewesen. Sie könne sich »unternehmerisch einbringen« und »weitgehend selbstbestimmt arbeiten«. Ihr späterer Vorgesetzter hatte ihr auch im Bewerbungsgespräch noch einmal versichert, dass sie sich die Arbeitszeit »flexibel einteilen« könne, gern »auch mal etwas von zu Hause erledigen«. Man sei schließlich ein schlank aufgestelltes, modernes Unternehmen. So sagte Verena, als alleinerziehende Mutter eines siebenjährigen Mädchens tatsächlich auf Flexibilität angewiesen, dankbar zu.

Schon wenige Wochen später bemerkte sie allerdings, dass sie dabei einem fatalen Denkfehler unterlegen war. Sie hatte angenommen, dass sie ihre Arbeit dann manchmal schon in sechs Stunden würde erledigen können, wenn sie sich nur gut genug organisierte. Das gäbe ihr die Möglichkeit, ihre Tochter gelegentlich früher als sonst aus der Kita zu holen,

Einkäufe zu erledigen, auch einmal etwas für sich zu tun. Vielleicht zum Yoga, mit einer Freundin einen Kaffee trinken. Womit sie nicht gerechnet hatte: Dass ihr Chef ihr ein Arbeitsvolumen für zehn bis zwölf Stunden pro Tag übertragen würde – und sie damit oft noch abends daheim am Rechner saß, wenn ihre Kleine längst im Bett lag.

In die Verantwortungsfalle gelockt

Verena hatte sich für ein Coaching angemeldet, weil sie möglichst schnell eine neue Stelle finden und wechseln wollte. »Ich halte das unmöglich noch lange durch hier«, sagte sie. »Manchmal arbeite ich noch um Mitternacht. Dabei habe ich absichtlich nur 80 Prozent Teilzeit vereinbart. Aber wenn ich einmal den Fehler mache, meinem Chef abends auf eine E-Mail zu antworten, schickt er mir gleich noch eine Aufgabe, die am nächsten Morgen fertig sein soll.« Sie wirkte erschöpft und übernächtigt, hatte Augenringe und gestikulierte zerfahren. »Am liebsten würde ich sofort kündigen. Aber das kann ich mir nicht erlauben, dieser Job war schon schwierig genug zu finden.« Sie hatte bereits einige Stellenanzeigen herausgesucht, zu denen sie meine Meinung wissen wollte, die aber alle ihrer bisherigen Tätigkeit ähnelten.

Die ganz praktische Seite der Stellensuche gehört zu jedem Karriere-Coaching. Gemeinsam geeignete Arbeitgeber und Positionen identifizieren, einen Blick auf Anschreiben, Lebenslauf und die Unterlagen werfen. Genügen sie den heutigen Anforderungen, sind sie sauber verfasst und vollständig? Gerade wer sich lange nicht mehr beworben hat, ist bei diesen Standards oft unsicher. Wer beruflich stark unter Stress steht, hat zusätzlich oft kaum noch die Nerven und die Kraft, will nur noch weg. Gleichzeitig achte ich als Coach darauf, dass die Reflexion nicht zu kurz kommt, auch wenn es schon drängt: Wie konnte die aktuelle Situation entstehen, was soll zukünftig anders werden? Das verhindert, dass sich alles beim nächsten Arbeitgeber sofort ähnlich wiederholt.

Nur hektische Phasen

»Manchmal denke ich, dass es an mir liegt«, sagte Verena im ersten Gespräch. »Das ist jetzt die dritte Firma, bei der es mir ähnlich geht. Oder ist das heute überall so?« Sie arbeitete seit einem Jahr als Event-Managerin bei einer Veranstaltungsagentur. »Ich war froh, als ich die Stelle bekam. Mit meiner Tochter habe ich schon genug Einschränkungen, kann zum Beispiel höchstens eine halbe Stunde Weg bis zur Kita haben.« Als ihr späterer Vorgesetzter ihr bestätigte, dass man nicht so genau auf die vertraglich vereinbarten Arbeitsstunden schauen würde, interpretierte sie es so, dass es manchmal Überstunden geben, sie dafür in ruhigeren Phasen früher gehen oder auf Abruf von zu Hause aus arbeiten könne. »Stattdessen gab es immer nur hektische Phasen, für die wir völlig unterbesetzt sind. Urlaubsvertretungen auch keine, dafür müssen wir vorarbeiten.«

Seit der Trennung von ihrem Partner organisierte sie ihren gesamten Arbeitstag allein um den Bedarf ihrer Tochter herum. So stand sie werktags schon um sechs Uhr auf, schrieb die ersten E-Mails, verschickte Angebote und Abrechnungen, ehe sie die Kleine weckte und das Frühstück vorbereitete. »Wenn ich sie in die Schule gebracht habe, fahre ich direkt in die Agentur und bin meist die erste. Die anderen trinken erst noch einen Kaffee. Ich setze mich direkt an den Rechner, um möglichst viel zu erledigen – immer in der Hoffnung, eventuell schon mal um 15 Uhr gehen zu können.« Einige Male war ihr das auch gelungen, aber meist nur, indem sie versprach, später von zu Hause aus nachzuarbeiten.

Schon an ihrem zweiten Arbeitstag hatte ihr Chef ohne weitere Einweisung ein großes Projekt an sie übergeben, das noch von ihrer Vorgängerin angefangen worden war, und sich danach auf eine Dienstreise verabschiedet. »Sie kriegen das hin als Profi. Ich vertraue Ihnen voll«, sagte er zu seiner neuen Mitarbeiterin. Als er ihre Verblüffung bemerkte, ergänzte er aufmunternd: »Sie können das so umsetzen, wie Sie es für richtig halten. Wir zählen auf Sie und sind gespannt, wie Sie es angehen!« So hatte sie nächtelang dagesessen, es tatsächlich geschafft, aber zum Preis, dass sie bereits nach wenigen Wochen im neuen Job vollkommen erschöpft war.

»Die Teilzeitregelung war eigentlich so gedacht, dass ich jeden Tag anderthalb Stunden eher gehe«, sagte sie. »Damit ich nicht immer direkt meine Tochter abholen muss, sondern vorher noch einmal etwas erledigen kann.« Aber praktisch war von Teilzeit nicht mehr die Rede: »Ich verdiene zwar 20 Prozent weniger, arbeite aber Vollzeit plus Überstunden. »Theoretisch könnte ich die Überstunden aufschreiben und absetzen. Einen finanziellen Ausgleich zahlt ja schon lange keiner mehr. Aber erstens macht das bei uns niemand. Zweitens wüsste ich gar nicht, wann ich sie absetzen sollte. Es ist ja immer viel zu tun und mehr Leute werden nicht eingestellt.«

Inzwischen überlegte sie, ob die Teilzeitvereinbarung nicht ein Fehler gewesen war und sie besser auf Vollzeit aufstocken sollte, wenn sie sowieso länger arbeiten musste. »Dann würde ich wenigstens mehr verdienen. Aber ich habe die Befürchtung, dass ich dann auch direkt gleich noch mehr Aufgaben bekomme.« Da schien es ihr noch sinnvoller, ganz den Arbeitgeber zu wechseln, wenn das möglich war.

Selbstverständlich hatte sie auch schon darüber nachgedacht, warum sie all das überhaupt mitmachte. »Ich glaube, das liegt an meinem Verantwortungsgefühl«, meinte sie. »Es würde mir unfair den anderen gegenüber vorkommen, wenn ich mitten im Stress sagen würde: Tut mir leid, ich muss weg. Viel Glück noch! Als ob ich das Vertrauen, das mein Chef und die Kollegen in mich gesetzt haben, enttäuschen und alle im Stich lassen würde.« So machte sie weiter, solange es ging, obwohl sie allein die Folgen davon trug.

Viele Stellenanzeigen sind eher Fantasy-Literatur

Manche Stellenanzeigen sind derart überzogen, dass man sie nur wie satirische Beiträge lesen kann. Eine Agentur in meiner Nähe suchte über ein Jobportal nach einem Projektleiter, der unter anderem folgende Bedingungen erfüllen sollte: »Du hältst *die Zügel in der Hand* und sorgst für die Einhaltung und laufende Optimierung der Arbeitsabläufe. Durch deine mehrjährigen und vielseitigen Erfahrungen bist du nicht nur *sattelfest*, du klebst regelrecht daran.« Ich dachte: Großartig, wird sicher einmal als *Büroback Mountain* verfilmt. Ob es noch Geld gibt oder nur Hafer und Einstreu?

Gesucht wird meist ein 30-Jähriger mit zwei Abschlüssen, drei Fremdsprachen und zehn Berufsjahren, der aber keine Ansprüche hat, sondern sich freut, dass er viel arbeiten und den Firmencomputer auch in seiner Freizeit nutzen darf. Weniger interessiert ist er an einem guten Gehalt oder gar einer Zulage. Dafür genießt er das kostenlose Obst und Wasser am Arbeitsplatz, braucht keine Urlaubstage oder überhaupt ein Privatleben. Sollte es dieses Wunderwesen wirklich geben, dann hat es aber anscheinend Besseres vor. Denn diese Anzeigen aus der Kategorie Fantasy stehen alle paar Monate neu online. Pech für das HR, das weitersuchen muss. Dabei zeigen sich darin die Qualitäten der möglichen Bewerber: Sie durchschauen den Zauber schon vorab oder verabschieden sich noch innerhalb der Probezeit wieder.

Der Arbeitgeber bewirbt sich auch bei Ihnen
Vergessen Sie auch bei einer drängenden Stellensuche nie, dass sich der Arbeitgeber immer auch bei Ihnen bewirbt. Typische Warnsignale sind amateurhaft gestaltete Stellenanzeigen mit unsinnigen oder völlig überzogenen Anforderungen, Schreib- und Stilfehlern oder technischen Problemen (Bewerbungsportal). Das Unternehmen hat möglicherweise größere Probleme und Sie würden als Angestellter mit hineingezogen und verantwortlich gemacht. Bewerben kann man sich trotzdem, ist dann aber bereits vorgewarnt und weiß, worauf man sich wahrscheinlich einlässt.

Ewige Probezeit

In unserem Coaching fanden wir schnell gemeinsam heraus, warum es Verena so schwerfiel, sich von den überzogenen Forderungen ihres Arbeitgebers abzugrenzen. Er verkaufte ihr jede Aufgabe, und war sie noch so überzogen, geschickt als *Chance*. Suggerierte ihr aber immer auch: Das ist eine Bewährungsprobe. Sie setzte sich damit fortlaufend unter den Stress, immer höchste Erwartungen zu erfüllen.

Selbstverständlich ist jeder froh, nach mehreren vergeblichen Bewerbungen erfolgreich gewesen zu sein. Zumal jede Absage den schmerzhaften Eindruck verstärkt, nicht die erste Wahl zu sein. Irgendwann aber muss dieser Zustand enden, eine gewisse Stabilität und Sicherheit einkehren. Verena wollte das Vertrauen, das sie in sich gesetzt sah, nicht enttäuschen. Damit akzeptierte sie aber, dass ihre eigentlich sechsmonatige Probezeit gefühlt zum Dauerzustand wurde.

Grundlos schuldig gefühlt

Als alleinerziehende Mutter musste Verena die zeitlichen Bedürfnisse ihrer Tochter einplanen, von der Kita bis zum gelegentlichen Arztbesuch. Trotzdem war sie immer in der Lage, die Verpflichtungen ihres Arbeitsvertrages zu erfüllen. Es gab also objektiv keinen Anlass zu Kritik für ihren Arbeitgeber. Doch sie fühlte sich, wie viele Alleinerziehende, insgeheim schuldig. Im Coaching kommen derartige Selbstvorwürfe häufig zur Sprache. Etwa der Eindruck, doch nicht alles für die gescheiterte Beziehung getan zu haben oder den fehlenden Elternteil nicht ersetzen zu können. Aber auch dem Arbeitgeber gegenüber, weil man eben nicht ständig flexibel ist, etwa oft nicht für spontane Konferenzen länger bleiben kann.

Für Verena stellte sich zusätzlich die Frage, ob dieses spezielle Tätigkeitsfeld wirklich die beste Wahl für sie war. Verschiedene Anforderungen konnte sie objektiv nur mit größter Mühe erfüllen. Eine Veranstaltungsagentur hat oft Termine nach Feierabend, spät abends oder am Wochenende. Sie erfordert schnelle Rettungsaktionen, wenn etwa die Ausrüstung für ein Event im Stau steckengeblieben ist oder gebuchte Hostessen nicht auftauchen. Verena tat alles für ihren Chef und trat praktisch wie eine flexible Vollzeitkraft auf. Ihr Arbeitgeber nutzte das aus und sparte sich damit eine zusätzliche Mitarbeiterin. Verena aber stieß beruflich ständig an die Grenzen ihrer privaten Lebenssituation.

Vollzeit heißt nicht, nur noch für die Firma zu leben

Es gibt Unternehmen, bei denen gilt es bereits als Teilzeit, wenn jemand weniger als 24 Stunden täglich zur Verfügung steht. Will jemand vor 20 Uhr nach Hause, heißt es kritisch: »Ach, haben wir Urlaub?« Franz Kafka erzählt in seinem

Roman »Das Schloss« von einem Mann, dessen ursprüngliches Arbeitsangebot sich kurzfristig zerschlägt und der mit seiner Partnerin stattdessen als Schulhausmeister jobbt. Nach Feierabend richten sie ihre Betten gleich auf den Schulbänken her, bis die Lehrer und Kinder am nächsten Morgen wieder eintreffen. Das ist die vorbildliche Einstellung, die das Management auch heute noch gern sieht.

In unserer Zeitung war ein Bericht über einen verstorbenen Zahnarzt, aus dessen Erbe 50 Millionen in eine Stiftung gingen. Woher das viele Geld? Er habe nie geheiratet, führte der Artikel als Erklärung an. Er habe schon Freundinnen gehabt. Doch sei er ein Zauderer gewesen. Auch habe die Mutter bis zuletzt großen Einfluss auf ihn gehabt. Sie sei zudem wählerisch gewesen. Er habe darum nie geheiratet. »Als Junggeselle ohne finanzielle Verpflichtungen konnte er sich durch Arbeit und geschickte Anlagen nach und nach ein großes Vermögen ansparen.« Man merke: So einfach geht das also scheinbar mit den Millionen – nur noch für die Arbeit leben!

Arbeitgeber selbst unter Druck

Auch hier empfiehlt es sich wieder, kurz an die Gegenseite zu denken, selbst wenn es schwerfällt. Recht wahrscheinlich steht Verenas Chef selbst unter hohem Druck, den er teilweise an seine Mitarbeiter weitergibt, auch wenn er die Gesamtverantwortung behält. Er wirkt zudem ein wenig überfordert.

Dazu kommen auch wirtschaftliche Aspekte. Gerade kleine und mittlere Unternehmen haben oft sehr begrenzte Mittel und müssen jede Investition, etwa die Einstellung weiterer Mitarbeiter, äußerst vorsichtig angehen. Das relativ restriktive Kündigungsrecht bindet sie außerdem nach Ablauf der Probezeiten. Damit lässt sich eine zu hohe Stellenzahl schwierig wieder anpassen. Zudem muss man das Bemühen anerkennen, Arbeits- und Privatleben verbindbar zu machen.

Wie bei allen Verteilungskonflikten führt es langfristig nicht weit, es allen recht machen zu wollen, bis man sich vollends erschöpft hat. Auch nicht, sich ewig mit emotionalen Vorwürfen an andere aufzuhalten. Vorgesetzte und die anderen Kollegen sind meist ebenso angespannt und haben auch Aufgaben, für die zu wenige Mittel eingeplant sind.

Behandeln Sie das Problem möglichst sachlich als das, was es ist: Aufträge, die (bisher) nicht mit ausreichenden Mitteln unterlegt sind. Nichts, was Sie ewig auffangen und ausgleichen müssen. Lösen Sie sich von der Vorstellung, dass Sie mit Ihrer Arbeit die *Bitte* Ihres Vorgesetzten oder von Kollegen erfüllen, also sozusagen eine persönliche Gefälligkeit leisten. Hilfsbereitschaft oder gar Mitleid sind hier auf Dauer die falschen Kategorien. Die Ressourcen sind unzureichend.

Aufgaben brauchen Ressourcen, um umgesetzt zu werden

Die erfolgreichere Strategie ist es, bei aller persönlichen Betroffenheit möglichst kühl heranzugehen. Wenn es dauerhaft mehr Arbeit als dafür notwendige Ressourcen (z. B. Arbeitskräfte) gibt, ist das für Sie als Angestellter nur begrenzt Ihr Problem. Manchmal muss ein Projekt erst richtig scheitern, ehe Führungskräfte das einsehen. Lassen Sie sich also keine Verantwortung anhängen, ohne auch die notwendigen Mittel und Kompetenzen für die Erfüllung zu erhalten. Fallen Sie ebenso nicht auf den Trick herein, dass Sie für das konkrete Ergebnis voll verantwortlich wären. Das ist bei einem Arbeitsverhältnis (anders als bei einem Werksvertrag) nicht der Fall. Sie werden für Ihre geleistete Arbeitszeit bei *durchschnittlicher Leistung* bezahlt. Bei erfolgsbasierten Gehaltsbestandteilen können Sie die dafür relevanten Faktoren häufig praktisch kaum beeinflussen.

Klarheit und Abgrenzung bringen Sie weiter. Erfragen Sie dafür von Ihrem Vorgesetzten: Wer darf Sie beauftragen, in welchem Umfang – und was hat Priorität, wenn sich mehrere Aufträge gegenseitig ausschließen? Oft hören Sie zuerst Ausflüchte (»Das hat alles Priorität 1«, »Ihr Vorgänger hat das auch geschafft«). Dann kalkulieren Sie den realistischen Bedarf selbst: Welche Aufgaben erhalten Sie, welche Zeit bräuchte es für die Erledigung? Was können Sie leisten, was muss von jemand anderem getan oder gestrichen werden? Eigentlich wäre das die Aufgabe Ihres Chefs. Aber so schaffen Sie sich eine belastbare Datenbasis für die Diskussion. Verweigert er sich trotzdem weiter einer Lösung, indem er Ihnen z. B. plötzlich »Ihren Ton« vorwirft, wissen Sie: Zeit, zu gehen.

Klare Entscheidungskriterien

Sie sehen den Erfolg Ihrer veränderten Strategie daran, dass Sie sich nicht mehr alle Probleme des Unternehmens oder Teams zu eigen machen, die man an Sie heranträgt oder von denen Sie erfahren. Sie leisten den Beitrag, für den man Sie angestellt hat und bezahlt. Gleichzeitig sind Sie auch bereit, etwas einmal scheitern zu lassen, wenn es für das Umdenken Ihres Arbeitgebers bzw. Vorgesetzten notwendig ist.

Wer keine Angst mehr hat, weil er nämlich auch bereit ist, woanders hinzugehen, kann plötzlich freier verhandeln. Zum Beispiel: eine zusätzliche Stelle zur Unterstützung einfordern, und wenn es anfangs ein Praktikant ist, oder ein Budget, um einige Aufgaben extern zu vergeben. Gleichzeitig haben Sie für den Fall, dass zu viele Aufgaben gleichzeitig anfallen, Kriterien vereinbart, was dann Vorrang haben soll. Damit hört auch auf, dass Sie auf Zuruf immer für denjenigen arbeiten, der als Erster bei Ihnen bestellt oder am meisten drängt. Der Job darf fordernd sein, aber nicht erschöpfend, soweit es kurze Phasen übersteigt.

Feste Zeitblöcke

Angesichts ihrer persönlichen Situation wollte Verena mindestens noch so lange nicht den Arbeitgeber wechseln, bis ihre Tochter eingeschult war. Sie sprach mit ihrem Chef und zeigte ihm auf, wie viele Aufgaben ihr ständig zugetragen wurden und dass sie unmöglich alle erfüllen konnte. »Ich merkte dabei, dass er selbst keine Übersicht hatte und einfach alles weiterreichte.« Er war erkennbar ein wenig pikiert, dass sie tatsächlich einen Monat lang notiert und addiert hatte, womit er sie fortlaufend beauftragt hatte. Aber damit war es ihm nicht mehr möglich, vage zu bleiben und sie damit zu vertrösten, dass es auch wieder einmal besser werde.

Sie handelte klare Zeitblöcke – nach Tagen und Tageszeiten – aus, während denen sie zukünftig an bestimmten Projekten arbeiten würde. Andere Anfragen würde sie dafür nicht mehr annehmen. Die Betreuung später Veranstaltungen gab sie an eine Kollegin ab und übernahm dafür einige Aufgaben von ihr, die weniger zeitgebunden waren. Ihre Teilzeitregelung änderte sie. Sie würde nun von Montag bis Donnerstag voll arbeiten, ihre Tochter damit auch nicht mehr früher abholen. Dafür am Freitag immer ganz frei nehmen, den Vormittag für Erledigungen nutzen und ihre Tochter mittags abholen. Ihren Chef bat sie um Verständnis, dass sie an diesem Tag ihre E-Mails nicht lesen könne und andere Kollegen angesprochen werden müssten. »Wir testen das jetzt drei Monate, aber diesmal bleibe ich konsequent.«

Organisatorische Magersucht

Die angeblich *schlanken* Strukturen in vielen Unternehmen sind eher organisatorische Skelette, die trotzdem noch einen Bodybuilding-Wettbewerb gewinnen sollen. Dabei steht alles überhaupt nur noch mit größter Mühe aufrecht. Ich habe schon Leute gesehen, die eigene Blöcke und Stifte mit ins

Büro genommen haben, weil es dort nichts mehr zu klauen gab. In einem Unternehmen, für das ich einmal gearbeitet habe, sparte das Management an den Papierkörben – nur noch einer pro Großraumbüro. Zumindest musste man nach Feierabend noch nicht selbst putzen und staubsaugen. Aber ich bin sicher, jemand kommt sicher einmal darauf und präsentiert das als innovative neue Teambuilding-Idee.

Eine kleine Übung: Darauf achten, wie Arbeitsaufträge zu Ihnen kommen

Es hilft Ihnen weiter, wenn Sie Unterbesetzung nicht ständig ausgleichen, weil Sie das für besonderes Engagement oder Ihre Pflicht halten. Diese kleine Übung kann Ihnen dabei helfen, sich zu entlasten. Notieren Sie eine Woche lang, wie Arbeitsaufträge zu Ihnen gelangen und wie viele davon vorher besprochen und eingeplant waren. Erkennen Sie verräterische Aussagen wie: »Kannst du nicht mal schnell …« oder »Nur ganz kurz …« Schon das Anhören und Diskutieren eines ungeplanten Auftrages kostet Sie Zeit, die Ihnen dann woanders fehlt. Wenn sinnvoll: Führen Sie nach Absprache mit Ihrem Chef einen offiziellen Bestellweg ein, eventuell über ein Formular mit allen nötigen Angaben, um sie gleich gesammelt zu haben.

NICHT ALLE PROBLEME LASSEN SICH WEGATMEN

Jannik fühlt sich von seinem Arbeitgeber absichtlich überlastet und zu esoterischen Praktiken gedrängt, mit denen er angeblich effektiver arbeiten und besser mit Stress umgehen könne. Die Lektion: Verdrängung ist keine Dauerlösung.

Irgendwann merkte Jannik, dass die Meditations-App, die ihn eigentlich beruhigen sollte, inzwischen die gegenteilige Wirkung auf ihn hatte. Mit sanfter Stimme wies sie ihn wie immer an, sich ein helles Licht vorzustellen, das langsam durch seinen Körper wanderte, von seinem Scheitel bis hinunter zu seinen Füßen. Er solle dabei an den Stellen, an denen er noch eine verborgene Anspannung spürte, »ausatmen und loslassen«. Innerhalb weniger Minuten würde er einen »tiefen, zentrierten Zustand erreichen«. Wenn die Stimme am Ende von eins bis fünf heruntergezählt haben würde, solle er die Augen wieder öffnen. Dann werde er sich bestimmt »erfrischt, entspannt, friedvoll, sicher und glücklich« fühlen.

Die Gefühle, die Jannik neuerdings dabei spürte, waren allerdings ganz andere: Wut und eine drängende Lust, seinem Chef die Kündigung auf den Tisch zu schmeißen. Sein Vorgesetzter überschüttete das kleine Team – neben Jannik nur zwei weitere Mitarbeiter – mit so viel Arbeit, dass sie doppelt so viele Stellen gebraucht hätten und Jannik häufig nach

21 Uhr noch im Büro war. Doch jedes Gespräch darüber endete damit, dass Jannik empfohlen wurde, doch die Angebote des Unternehmens stärker zu nutzen, mit denen er »effizienter arbeiten und besser mit Stress umgehen« könne. Etwa den neu eingeführten Meditationskurs während der Mittagspause besuchen, am besten mit dem ganzen Team.

Achtsamkeit ist kein Allheilmittel gegen Überlastung

Jannik hatte sich für ein Coaching angemeldet, weil er sich beruflich verändern wollte, wie er im ersten Gespräch sagte. Schnell stellte sich die Frage, warum. Er arbeitete seit bald 15 Jahren erfolgreich bei einem großen Softwarehändler, war mit Anfang 40 zum jüngsten Mitglied der Geschäftsleitung aufgestiegen und verdiente überdurchschnittlich gut. »Weil ich nicht mehr lange durchhalte«, sagte er, und das klang nicht dramatisiert, sondern ruhig und ernst. »Höchstens noch ein halbes Jahr.« Er fühlte sich seit Langem erschöpft und war schon mehrfach wegen Schwindelanfällen und Bandscheibenvorfällen krankgeschrieben worden. Tatsächlich wirkte er auf den ersten Blick jugendlich und sportlich, beim näheren Hinsehen aber müde und früh gealtert mit tiefen Falten unter den Augen. Es ging ihm erkennbar nicht gut.

Chronische Überlastung ist ein Problem, das Klienten – vor allem zwischen Mitte 30 und Anfang 40 – seit einigen Jahren deutlich verstärkt ansprechen. Galten einst mangelhafte Arbeitsorganisation und unzureichendes Zeitmanagement als wichtigste Gründe dafür, sind diese Bereiche längst optimiert. Aber ohne dass der Stress geringer geworden wäre, im Gegenteil. Inzwischen hat sich der Fokus zur persönlichen Einstellung verlagert, und *Achtsamkeit* (auf Englisch: *Mindfulness*) gilt als populäre Methode, um daran zu arbeiten. So sehr, dass sie fast zum Allheilmittel gegen alle Arten von Überlastung erklärt wird. Doch sie überträgt religiöse und spirituelle Praktiken auf den Arbeitsplatz, was neue Probleme schafft. Als Coach unterstütze ich in diesen Fällen dabei, eine grundsätzliche Lösung zu finden.

Ständig zu hohe Ziele, zu viele Aufgaben

Sein gesamtes bisheriges Berufsleben hatte Jannik beim selben Arbeitgeber verbracht und schätzte die ambitionierte bis aggressive Atmosphäre dieses weltweit aktiven Unternehmens eigentlich. »Mir war klar, dass es in dieser Branche immer Druck gibt. Aber das hat mich nicht abgeschreckt, eher motiviert«, sagte er. »Ich habe schon neben dem Studium immer gearbeitet, bin gut organisiert und belastbar.«

Gleichwohl stieß er bald an seine Grenzen, verstand aber erst nach einiger Zeit, woran es lag: »Der Vorstand gibt uns Ziele vor, die unmöglich zu erreichen sind, damit jeder wirklich sein Bestes versucht. Lange habe ich gedacht, dass es an mir liegt, dass ich die geforderten 150 Prozent nie schaffe, bis ich gemerkt habe, dass das die Führungsmethode hier ist.«

Schon am Anfang war ihm aufgefallen, dass viele Mitarbeiter kaum ein Jahr blieben, obwohl das Unternehmen ein hohes Ansehen genoss und gut bezahlte. »In manchen Teams kam jedes Jahr die Hälfte der Kollegen neu, weil so viele kündigten, die mit ihren Kräften am Ende waren oder einfach genug hatten.« Er blieb und fühlte sich dadurch in der Annahme bestätigt, dann also zu den Besten zu gehören.

Nach den ersten längeren körperlichen Beschwerden wegen der ständigen Überlastung erklärte Jannik seinem Chef, dass auch er das auf Dauer unmöglich leisten könne. »Er meinte, dass er das verstehen würde, bot mir von sich aus eine Gehaltserhöhung an und dass ich auf seine Assistentin zugreifen könne, um einige organisatorische Aufgaben abzugeben«, sagte Jannik. »Aber mir ging es gar nicht ums Geld, und kurz nach dem Gespräch bekam ich gleich noch mehr Verantwortung, weil ich ja nun ›entlastet‹ worden sei.«

Nach diesem Muster wiederholten sich die Gespräche: Jannik wurde befördert, wenn es so aussah, als ob er gehen wollte, bekam mehr Aufgaben und fühlte sich elender.

Die meisten seiner Kollegen praktizierten ihre eigenen Methoden, um dem übergroßen Druck möglichst standzuhalten. »Eine Kollegin machte vor Meetings bestimmte Atemübungen, die sie bei einem Kurs in Kalifornien gelernt hatte. Viele meditierten mit Apps, das habe ich auch eine Zeitlang gemacht. Einer legte sich nach Feierabend in Eiswasser und reduzierte dabei seine Atmung. Das hatte er aus dem Entspannungsprogramm von einem Sportler.« Jannik meinte: »Eigentlich hätte der Vorstand realistische Ziele formulieren oder mehr Leute einstellen müssen. Das wollte er beides nicht, also landete dieses Dilemma bei uns.«

Ein Kollege riet ihm zu einem Yoga-Kurs, das hätte ihm sehr geholfen. »Das gefiel mir auch und hat mich tatsächlich entspannt, auch wenn ich mit den fernöstlichen Dingen wenig anfangen kann. Die festen Termine, zwei Abende pro Woche, waren bald aber wieder Stress, weil ich oft noch in späten Meetings festhing.« Zudem zerrte er sich dabei mehrmals den Rücken, hatte deswegen auch einmal einen Bandscheibenvorfall: »Da hat mir mein Ehrgeiz dann auch noch eine Krankschreibung eingebrockt und ich habe das wieder gelassen.« Per App praktizierte er daheim weiter.

Die Firmenleitung hatte auch eigene Programme, die angeblich das Beste aus Wissenschaft und Spiritualität verbanden, um besser zu arbeiten und weniger gestresst zu sein. »Einiges, was da vor allem aus den USA zu uns kam, fand ich schon sehr sektenhaft, obwohl viele Kollegen begeistert waren«, meinte Jannik. »Gerade der Meditationskurs für alle ging mir zu weit. Mir war es unangenehm, vor meinen Kollegen über meine Gefühle sprechen und ein persönliches Mantra vorlesen zu müssen. Dass der Kurs in unserer Mittagspause stattfand und an der Arbeitsbelastung nichts geändert wurde, kam mir sogar ziemlich frech vor.« Er überlegte einen Wechsel: »Aber aufgeben, was ich mir hier aufgebaut habe?«

Aufopferung wird nur selten gedankt

Man könnte sich grundsätzlich fragen, was mit einem Job nicht stimmt, wenn er nur mit Techniken durchzuhalten ist, die Extremsportler benötigen, um den Mount Everest zu bezwingen, das Eismeer zu durchschwimmen oder als Selbstversorger im Urwald zu überleben. Wer ständig erst seinen Schmerz wegmeditieren oder seinen Herzschlag durch spezielle Atemübungen verlangsamen muss, nimmt seinen Arbeitsvertrag vielleicht ein bisschen zu ernst. Am Ende hat man sich für seinen Chef aufgeopfert, der sich mit einem freundlichen Handschlag bedankt und mitteilt, dass er sich jetzt wegen eigener Beförderung verabschiedet.

Auf YouTube habe ich einige Meditationslehrer gesehen, die derart erschöpft aussahen und sich beim Sprechen ständig müde über die Augen strichen, dass ich dachte: vielleicht das Meditieren lassen, auch die ständigen Fernreisen nach Thailand, Bali und Indien. Einfach mal zu Hause bleiben, vom Internet fernhalten und ausschlafen. Einige scheinen ständig zwischen guten Empfehlungen an andere und eigenen Zusammenbrüchen zu schwanken. Dabei sind das fast immer alleinstehende, junge und zeitlich flexible Freiberufler ohne Kinder, denen also bisher 90 Prozent des sonst üblichen Stresses erspart geblieben sind! Wie sinnvoll ist eine Methode, die ihnen schon nicht besonders zu helfen scheint?

Nicht nur Einstellungssache

Als wir im Coaching gemeinsam Janniks Aufgaben durchgingen, war schnell klar: Er war objektiv überlastet – und zwar nicht wegen organisatorischer Schwächen oder mangelnder Motivation. Im Gegenteil: Er schaffte weitaus mehr, als man vernünftigerweise erwarten konnte und viele Kollegen leisteten. Daraus zog er seinen professionellen Stolz und die Anerkennung seiner Chefs. Gleichzeitig hatte er sich durch seinen Ehrgeiz, weiter angestachelt von seinem Arbeitgeber, dazu verleiten lassen, seine Überlastung als subjektives Problem zu behandeln. Als wäre sie nur eine Einstellungsfrage und eine Sache des Willens. So konzentrierten sich seine Anstrengungen vor allem darauf, vermeintliche mentale Defizite anzugehen (z. B. durch Meditieren gegen Stress, anstatt Aufgaben zu reduzieren). Damit mobilisierte er noch letzte Reserven.

Verschleppte Entscheidungen

Auf einer tieferen Ebene konnte Jannik damit jahrelang unangenehme Gespräche mit seinem Arbeitgeber und eigene Konsequenzen verschleppen. Er vermied es, die konstante Überlastung nachdrücklich anzugehen – und damit auch das Eingeständnis, dass selbst seine Kräfte begrenzt waren.

Das Unternehmen nutzte die eingesetzten Methoden subtil dafür, dass Mitarbeiter nicht etwa zu kleine Teams, überzogene Ziele und fehlende Prioritäten ansprachen. Sondern den Fehler grundsätzlich zuerst bei sich bzw. der eigenen Einstellung suchten, weiter funktionierten oder gingen. Jannik profitierte durch Beförderungen und Gehaltserhöhungen, die allerdings sein Problem nicht lösten, und bezahlte mit seiner Gesundheit und seinem Wohlbefinden.

Besonders angreifbar war er, weil er sich inhaltlich kaum mit spirituellen und religiösen Fragen beschäftigt hatte, auch wenig daran interessiert war, solange sie nicht Mittel für einen praktischen Zweck (z. B. weniger Stress) waren. So konnte ihn sein Arbeitgeber unwidersprochen derartigen Praktiken unterwerfen, die unter unverfänglichen Begriffen wie *Achtsamkeit, Stressreduzierung* oder *emotionale Intelligenz* zweckentfremdet eingeführt worden waren. Jannik verstand lange Zeit nur begrenzt, was dabei mit ihm geschah, und wehrte sich entsprechend kaum. Sein pragmatischer Ansatz, »alles mal ausprobieren, vielleicht hilft es«, ging hier klar zulasten seines Selbstschutzes vor Übergriffigkeiten.

Manchmal muss der Druck einfach raus

Wenn man sich umhört, hat jeder seine Methode, um Stress loszuwerden. Eine Freundin reagiert sich ab, indem sie Siri – den digitalen Assistenten ihres Handys – beschimpft. Anscheinend machen das viele ähnlich, denn die Ingenieure haben für diesen Fall bereits passende Antworten einprogrammiert. »Das ist nicht nett«, sagt Siri in solchen Fällen milde. Manchmal stellt sie sich auch dumm: »Darauf habe ich keine Antwort.« Oder: »Ich weiß nicht, wie ich darauf reagieren soll.« Nur in argen Fällen gibt sie ihren defensiven Ansatz auf, weist auf die Konvention zum Schutz der Menschenrechte hin und schaltet sich passiv-aggressiv einfach ab.

Einen anderen Ansatz hat Liza Minnelli schon 1972 im »Cabaret«-Film vorgeführt. Sie spielt darin eine Nachtclubsängerin, die trotz aufgekratzter Stimmung nervlich ständig am Ende ist. Ihre Entspannungsmethode lässt sich heute noch nachmachen: Nach Arbeitsschluss unter eine U-Bahn-Brücke stellen – und alles rausschreien. Aber erst, wenn ein Zug drüberdonnert und alles übertönt. Das ist nicht nur wirksam und diskret zugleich, sondern erspart auch die Kosten für eine Urschrei-Therapie, die methodisch auf das Gleiche hinausläuft. Manchmal muss es einfach raus. Nicht jede Belastung lässt sich sanft wegatmen! Wer nach einem Bürotag hechelt wie ein Marathonläufer kurz vor dem Ziel, verdient zwar eine Medaille, ist aber klar überambitioniert.

Ein Angebot, das nicht alles löst

Auch hier ist es wichtig, einen kurzen Blick auf das Gesamtbild zu werfen. Das Gesamtkonzept *Achtsamkeit* hat seine Wurzeln in der amerikanischen Esoterik-Bewegung, die sich bereits ab ca. 1860 auf Buddhismus und Hinduismus berief und seitdem in immer neuen Wellen nach Europa kam. Grundsätzlich sind die meisten Übungen sicher nicht schädlich: stilles Sitzen und Meditieren, Selbstbeobachtung und Führung der eigenen Atmung (»Breathwork«), des gesamten Körpers (»Body Scan«) und der eigenen täglichen Verrichtungen. Etwa absichtlich langsames Gehen oder Yoga. Die Schwierigkeit beginnt, wenn überzogene Erfolgs- und Glücksversprechen damit verbunden und sie zu Problemlösern für alles erklärt werden.

Langfristig hilft es wenig, sachliche Mängel (z. B. Organisation, zu geringe Stellenzahl) immer nur durch entsprechende Übungen zu verdrängen und damit erträglich zu machen. Sie gewinnen zwar anfangs mehr Energie, bauen aber Substanz ab. Wenn eine Organisation grundsätzlich nach dieser Methode arbeitet, ist ewiges Aushalten und Hoffen schädlich. Das zugrunde liegende Problem wird nie gelöst, wenn eine Führung lieber immer neue Mitarbeiter holt, die optimistisch anfangen und irgendwann resignieren. Besonders gefährdet sind Sie, wenn Sie generell die Tendenz haben, problematische Situationen (z. B. ständige Überlastung) über Gebühr auszuhalten, anstatt sie zu verändern oder zu verlassen, schon jetzt zu übertriebener Selbstbezogenheit (Egozentrik) neigen oder generell schwer Nein sagen können.

Kurzfristig hilfreich, langfristig nicht
Das Konzept von *Achtsamkeit* baut vor allem darauf, die Selbstbeobachtung zu verstärken und reale Herausforderungen zumindest zeitweise auszublenden oder zu relativieren. Das kann in Situationen hilfreich sein, die Sie tatsächlich erst einmal nicht ändern können, sondern durchhalten müssen. Leiden Sie unter beruflicher oder privater Überlastung, können die Methoden der Achtsamkeit also zeitweise helfen, sie besser zu bewältigen. Auf Dauer genügt das allerdings nicht, sondern die Probleme müssen praktisch gelöst werden.

Probleme nicht nur überdenken, sondern lösen

Die erfolgreichere Strategie ist es, Überlastung nicht mehr wie ein subjektives Gefühl zu behandeln, das sich durch die richtige Einstellung verbessern lässt. Sondern die objektiven Gründe dafür anzugehen. Ermitteln Sie dafür zuerst, wie belastet Sie tatsächlich sind, falls Ihr Arbeitgeber das bisher nicht tut (z. B. durch ein Projektmanagement-Tool). Notieren Sie eine Woche lang Ihre beruflichen Aktivitäten in 15-Minuten-Schritten, um festzustellen, ob Sie Leerläufe haben oder wirklich überplant sind. Listen Sie auch auf, wie viele E-Mails und andere Anfragen Sie erhalten und wie viele Sie abarbeiten können. Gleichen Sie danach ab, wie viel davon realistisch in Ihrer vertraglich vereinbarten Arbeitszeit zu schaffen ist. Damit haben Sie eine objektive, belastbare Datenbasis, können Ihr Gefühl mit den Fakten abgleichen und wesentlich fundierter als bisher argumentieren.

Der zweite Schritt ist, die Differenz mit Ihrem Vorgesetzten zu diskutieren. Was lässt sich eventuell besser angehen, was streichen? Dabei sehen Sie auch, wie *achtsam* man Ihnen gegenüber ist, wenn es um Ziele, Ressourcen oder den allgemeinen Umgang geht. Im besten Fall führt das Gespräch zu einer praktischen Lösung (z. B. Einstellung weiterer Mitarbeiter, Budget für externe Beauftragung, realistische Ziele, gestrichene Aufgaben). Wenn man Ihnen stattdessen Unfähigkeit unterstellt (»Komm her, dann strukturiere ich dich jetzt mal!«) oder auch nicht weiter weiß, dann wird es Zeit, sich beruflich neu zu orientieren. Jedes weitere Zögern gefährdet Ihre körperliche und psychische Gesundheit. Dann wissen Sie aber auch, dass Sie alles Mögliche versucht haben.

Ablenkungen erkennen

Den Erfolg Ihrer veränderten Strategie erkennen Sie daran, dass Sie Ihren beruflichen und privaten Alltag bewältigen, ohne dass Sie ständig mit Übungen gegensteuern müssten. Wenn Ihre Leistungsfähigkeit und Ihre Belastung in etwa übereinstimmen, erholen Sie sich fortlaufend, also an den Wochenenden oder spätestens während der Urlaube.

Es ist normal, dass es Belastungsspitzen gibt (z. B. Produkteinführung, Hochsaison, Inventur oder Geschäftsabschluss). Ihnen müssen dann aber Zeiten entgegenstehen, in denen die Belastung geringer als normal ist. Wenn Sie die Methoden der Achtsamkeit als hilfreich und angenehm empfinden, ist nichts dagegen zu sagen. Werden Sie aber hellhörig, wenn sie insbesondere im beruflichen Umfeld dazu genutzt werden, um kritische Stimmen zum Schweigen zu bringen, überfällige praktische Entscheidungen aufzuschieben oder generell Ihren Überzeugungen zu widersprechen. Beispiel: Sie sind Christ und wollen nicht zu buddhistischen Praktiken gezwungen werden.

Passenderes Umfeld

Jannik fiel es lange schwer, sich von seinem Arbeitgeber zu lösen. Er schätzte ihn sehr, hielt ihn für unvergleichlich besser als jede Konkurrenz und war dankbar für die erhaltenen Chancen. Er überlegte zuerst, ein drei- bis sechsmonatiges Sabbatical zu beantragen, kam dann aber zu dem Entschluss, dass er damit nichts lösen, sondern nur wieder erneut verschieben würden. Den letzten Anstoß gab ihm, dass er – nach mehreren Jahren als Single – eine neue Freundin fand, für die er mehr Zeit brauchte. Seine erste Beziehung nach einer längeren Single-Phase allein motivierte ihn gleichzeitig, sich nicht mehr komplett der Arbeit zu widmen, sondern sich ein weiter gefaßtes Leben zu gestalten. Nicht mehr nur von Ganzheitlichkeit zu reden, sondern das tatsächlich umzusetzen.

Er kündigte und wechselte zu einem aufstrebenden Mittelständler in seiner Branche, von dem er bereits im Vorstellungsgespräch den Eindruck gewann, dass Ziele und Aufgabenumfang ebenfalls ehrgeizig, aber zu schaffen waren. Als wir sechs Monate später wieder sprachen, hatte sich das für ihn bestätigt. »Das Meditieren und das Yoga habe ich aufgegeben. Das ist nichts für mich, zu esoterisch für meinen Geschmack, brauche ich auch nicht mehr«, meinte er. »Stattdessen gehe ich jetzt zweimal die Woche zum Handballtraining. Da kann ich mich auspowern, das passt viel besser zu mir. Und häufiger früher ins Bett, wenn ich müde bin. Anfangs habe ich viel Schlaf nachgeholt, jetzt bin ich wieder fit.«

Nicht viele Worte

Für gestresste Berufstätige, die andere mitleiden sehen wollen, gehört es heute zum guten Ton, nach einer besonders anstrengenden Phase gleich ein *Retreat* zu buchen. Die Daheimgebliebenen lassen sich mit nachdenklichen Yoga-Posen auf Instagram grüßen, beim Sonnenaufgang auf Bali oder in Goa vielleicht. »Reconnecting«, »Find your Higher Self!« Handfester schien mir da die Frau, die vor einiger Zeit vor mir in der Straßenbahn saß. Sie trug ein Basecap, in das ein lächelnder Buddha in Pink eingestickt war. Als ihr Partner neben ihr wegen irgendwas nörgelte, hatte sie für ihn nur eine Reaktion übrig – ein gepfeffertes »Schnauze!«. Innerer Frieden hat viele Gesichter und braucht nur wenige Worte. Das persönliche Mantra muss nicht lang sein, sondern nur richtig sitzen.

Eine praktische Übung: Ausprobieren, was wirklich zu Ihnen passt

Spirituelle Praktiken können hilfreich sein, dem eigenen Alltag einen tieferen Sinn zu geben und Belastungen besser zu bewältigen. Sie dürfen nur nicht als Problemlöser verstanden werden, um notwendige praktische Schritte zu vermeiden. Diese kleine Übung kann Sie dabei unterstützen, dies für sich zu erkunden. Probieren Sie drei unterschiedliche religiöse oder spirituelle Traditionen jeweils einmal aus, z. B. eine buddhistische Meditation, ein katholisches Rosenkranzgebet und ein orthodoxes Mantra wie das Jesusgebet. Auf YouTube finden Sie Anleitungen zum Mitmachen. Achten Sie darauf, was das jeweils in Ihnen anstößt, und setzen Sie fort, wenn Sie etwas davon anspricht.

SEI BEGEISTERT, AUCH WENN DU'S NICHT BIST

Gita mag ihren Job und erledigt ihn gut. Doch ihr Arbeitgeber erwartet, dass sie mehr Begeisterung zeigt, »die Mission wirklich lebt«. Ihr geht das zu weit, sie fühlt sich bedrängt. Die Lektion: Ihre Gefühle gehören immer noch Ihnen.

Das erste Jahresgespräch bei ihrem neuen Arbeitgeber schien Gita ein Routinetermin. Sie wusste, dass sie gute Umsätze erzielt hatte, obwohl die Branchenlage wieder einmal schwierig gewesen war. Mehrere Kunden hatten sich persönlich bei ihr für die Zusammenarbeit bedankt. Mit den Kollegen verstand sie sich gut. Doch nach dem Termin kehrte sie verdattert an ihren Schreibtisch zurück. Ihre Chefin hatte ihr in der Beurteilung zwar alles genau so bestätigt, aber dennoch Abzüge gegeben. Sie würde nicht genug Begeisterung zeigen: »Du lebst unsere Mission noch nicht wirklich, das spüren wir.« Ein weiterer Vorwurf lautete, dass Gita sich »nicht genug öffnen« würde. Ihre Chefin: »Mir ist zum Beispiel aufgefallen, dass du mit deinen Problemen nicht zu mir kommst. Auch einige im Team denken, dass du dich absonderst. Wir sehen uns hier ein bisschen wie eine große Familie.«

Gita konnte sich das nur damit erklären, dass sie nach den vielen Kundengesprächen, Telefonaten und Konferenzen tatsächlich gern mal allein zum Mittagessen ging. Ansonsten war ihre Verteidigung: »Ich habe eigentlich keine Probleme. Wenn es doch einmal etwas gibt, versuche ich zuerst, das selbst zu lösen. Heißt es denn nicht immer, dass man Verantwortung übernehmen und mitdenken soll?« Ihr Chefin runzelte dazu nur die Stirn und hielt ihr ein ausgedrucktes Blatt mit Zahlen und Balkendiagrammen vor: »Bitte schau dir noch einmal deine Assessment-Auswertung an. Da siehst du das Potenzial, das du noch nicht nutzt.«

Am Arbeitsplatz psychologisch manipuliert

Gita, Vertriebsmitarbeiterin bei einem mittelständigen Reiseveranstalter, hatte ihr Coaching kurzfristig gebucht, weil sie sich über die kritische Bewertung ihrer Chefin geärgert hatte. Vor allem aber, weil sie ratlos war, wie sie all das einordnen sollte. Zwar war ihr die finanzielle Erfolgsbeteiligung nicht gekürzt worden. Aber sie hatte die Auflage erhalten, »stärker an sich zu arbeiten«. »Soll ich ein anderer Mensch werden?«, fragte sie sich in unserem ersten Gespräch. »Das sind ja überhaupt keine fassbaren Punkte, jedenfalls für mich.«

Sie war sich schon jetzt fast sicher, dass sie den Arbeitgeber wechseln würde. »Gute Vertriebler werden überall gesucht. Allerdings will ich nicht gleich wieder in einem Unternehmen landen, bei dem es so läuft.« Wenn das der neue Arbeitsstil sein sollte, würde sie sich lieber selbstständig machen.

Wenn derartige Themen im Coaching zur Sprache kommen, kann der Klient anfangs meist selbst nicht genau benennen, was ihn eigentlich stört. Das kann so weit gehen, dass er an seiner eigenen Wahrnehmung zweifelt und sich fragt, ob er nicht vielleicht nur zu empfindlich reagiert. Als Coach beschreibe ich daher in diesen Fällen immer zuerst, wie ich die Situation der Beschreibung nach empfinde. Das führt fast immer zu einem Aufatmen: »Ich bilde mir das also nicht nur ein!« Tatsächlich sind subtile psychologische Manipulationen schwierig zu identifizieren. Sie sind professionell und langfristig geplant worden, um das Denken und Fühlen des Arbeitnehmers im Sinne des Unternehmens zu lenken. Wer sich daraus befreien will, muss das erkennen – und danach wieder zu sich selbst zurückzufinden, was einige Zeit braucht.

Frühere Normalität

»Als ich meine Ausbildung gemacht habe, war die Firmenmission klar und verständlich: erfolgreich sein, und zwar konkret in Umsätzen, Gewinnen und Marktanteilen«, erinnerte sich Gita an ihren beruflichen Anfang. »Das war ein kleiner Anbieter in Familienbesitz, auch eine ganz andere Zeit. Wenn ich heute zurückschaue, finde ich das immer noch normal und ehrlich. Ich gehe ja auch zur Arbeit, weil ich Geld verdienen muss. Das ist doch nichts Schlechtes, für das man sich schämen muss. Ich mache meinen Job gern und gut. Aber ich habe weder das Verlangen, die Welt zu retten, noch suche ich eine Ersatzfamilie. Das ist für mich aufgeblasener Blödsinn, um sich wichtig zu machen und besser darzustellen. Das durchschaut doch auch jeder sofort.«

Ihr aktueller Arbeitgeber hatte ein umfangreiches Programm auf die Webseite gestellt, wie er durch seine Geschäftsaktivitäten nicht nur Geld verdienen, sondern auch übergreifende Probleme in aller Welt angehen würde. Gita: »Faktisch werden an unsere Partner bestimmte soziale und ökologische Kriterien angelegt und ein kleiner Teil des Gewinns gespendet. Alles sinnvoll, aber ich denke: Wer wirklich helfen will, lobt sich nicht ständig öffentlich selbst dafür.«

Für stark gefühlsbetonte, visionär angelegte Momente sah sie durchaus einen Platz: »In der Werbung machen wir das. Da zeigen wir dem Kunden eine idealisierte Welt, die ihn ansprechen und für uns einnehmen soll. Und natürlich in unseren Produkten. Wir verkaufen Veranstaltungen und Reisen.

Da wollen wir den Kunden ein bisschen in eine Traumwelt entführen, für einige Stunden oder Tage wenigstens.«

Dabei wollte sie es aber belassen sehen und nicht selbst da hineingezogen werden. »Ich arbeite in einem Großraumbüro am Schreibtisch, organisiere und verkaufe. Das ist für mich die reale Welt, die mir auch so Spaß macht. Mehr brauche ich dafür nicht.« Ihr Arbeitgeber war da allerdings ambitionierter.

Das Assessment, das ihre Chefin erwähnt hatte, war eine psychologische Analyse, jährlich verpflichtend für alle Mitarbeiter: »Ein Fragebogen mit mehr als 60 Kriterien, anhand derer man sein eigenes Verhalten bewerten muss. Hilfsbereitschaft, Initiative, so etwas. Danach muss man mindestens drei Führungskräfte und fünf Kollegen bitten, es ebenfalls zu tun.« Sie zeigte mir die Auswertung: Punktzahlen – die eigene Bewertung, der Durchschnitt im Team, was die anderen gegeben und anonym dazu kommentiert haben. »Ich finde es unangenehm, mich so zu durchleuchten und in ein Raster drücken lassen zu müssen«, meinte Gita dazu. »Ich habe versucht, offen zu sein. Aber das hat fast nichts mit meinen Arbeitsergebnissen zu tun, sondern bewertet mich als Mensch.«

Neben dem Einkommen war für sie der reizvolle Antrieb, als wir darüber sprachen, praktische Probleme im Unternehmen und für ihre Kunden zu lösen. »Wenn ein individuelles Angebot ausgearbeitet und präsentiert werden muss, etwa für ein großes Event oder eine Gruppenreise«, sagte sie. »Oder wenn wir unsere Produkte im Katalog durchgehen, systematisieren und vereinfachen. So etwas finde ich interessant.« Sie arbeitete auch gern mit ihren Kollegen zusammen: »Aber für mich ist das trotzdem immer noch ein Job. Was sich meine Chefin da vorstellt, ist für mich aufgesetzt und zu eng.«

Könnte sie sich vorstellen, trotzdem zu bleiben? Gita überlegte nur kurz noch einmal und schüttelte dann den Kopf. »Wenn ich all das gewusst hätte, dann hätte ich mich gar nicht erst beworben. Für mich ist das eine ständige Verletzung meiner Privatsphäre.« Sie hatte noch kein anderes Angebot, überlegte aber, trotzdem schon zu kündigen und sich notfalls einige Zeit arbeitslos zu melden: »Ich muss mich erst einmal wieder sortieren. Ich bin anderthalb Jahre bei der Firma und zweifle schon langsam daran, wer ich bin und was ich will.« Sie hatte einige Ersparnisse, was ihr Sicherheit gab.

Echte Begeisterung ist mehr als aufgerissene Augen

Wie Begeisterung auszusehen hat, scheint für viele Arbeitgeber sehr von amerikanischen Vorbildern geprägt zu sein: aufgerissene Augen, euphorisches Strahlen, die ganze Welt umarmend. Wie Annette Bening in »American Beauty«, wo sie eine Immobilienmaklerin am Rande des Nervenzusammenbruchs spielte. Das erinnert alles sehr an Sekten, und so ist es kein Zufall, dass sich einige Zeit jeder zweite Vertriebler oder Berater »Evangelist« nannte, der auf einer »Mission« sei. Das ist ein größerer Anspruch, als nur etwas zu verkaufen – nämlich gleich der auf den ganzen Menschen. Da hilft nur: dezent die Tür weisen und bitten, nie wieder zu klingeln.

Anspruch und Wirklichkeit liegen, wie bei allen ideologischen Utopien, sowieso fast immer ziemlich weit auseinander. Ein deutsches Medienhaus fordert Bewerber auf seiner Karriereseite auf: »Sei frei, sei respektvoll, sei du selbst, sei authentisch, sei anders« – alles gleichzeitig. Ein Schweizer Industriekonzern behauptet: »Es geht nur um dich«. Wer dann die Bewertungen ehemaliger und aktueller Mitarbeiter auf den entsprechenden Portalen liest, sieht oft nur zwei bis vier (von fünf) Sternen. Ein Fazit: »Viele leere Versprechen!« Aber diesem Kritiker muss entgangen sein, dass doch gerade eine neue »Diversity-Week« eingeführt worden ist!

Falsche Freundlichkeit

Wie in unserem Coaching schnell klar geworden war, empfand Gita einen umso größeren Widerwillen gegen die Firmenkultur ihres Arbeitgebers, je länger sie ihr ausgesetzt war. Das schrittweise Kennenlernen, wie es in jeder beruflichen und privaten Beziehung normal ist, hatte bei ihr dazu geführt, dass sie keinesfalls mehr davon erleben wollte.

Sie empfand den Umgang als distanzlos und übergriffig und war zunehmend damit beschäftigt, die dortigen Methoden der Personalführung abzuwehren. Da diese derart weitgehend integriert waren, etwa durch die verpflichtenden Bewertungs- und Anreizsysteme, war das nur praktisch kaum möglich. Die freundlich ausgesprochenen angeblichen *Empfehlungen* und *Verbesserungsvorschläge* waren in Wahrheit verbindliche Anweisungen, denen Folge zu leisten war, wollte man nicht bestraft werden.

Echte Überzeugungen

Dabei war es durchaus nicht so, dass Gita rein aus materiellen Gründen arbeitete, wie sie es anfangs selbst ein wenig überspitzt ausgedrückt hatte. Sie war niemand, der nur des Geldes wegen kam und ansonsten mit nichts etwas zu tun haben wollte. Sie engagierte sich mit dem echten Anspruch, für das Unternehmen und seine Kunden das Beste erreichen zu wollen. Es interessierte sie wirklich, was sie tat. Sehr wohl beteiligte sie sich auch emotional, nur eben auf ihre zurückhaltende, eher sachliche Art. Sie empfand Freude, Interesse und Begeisterung für ihre Arbeit, bezogen allerdings auf konkrete Tätigkeiten und Inhalte. So schätzte sie die intellektuelle Herausforderung mehr als die soziale Komponente.

Ihr Arbeitgeber hatte dagegen einen sehr umfassenden Regelkatalog von spezifischen Verhaltensweisen ausgearbeitet, dem sich jeder Angestellte unterwerfen sollte. Wer sich verweigerte oder auch nur sacht entziehen wollte, bezahlte dafür mit Kritik, finanziellen Einbußen oder gar einer Abmahnung. So gab sich der äußere Stil zwar *wertschätzend* und *konstruktiv*. Der Inhalt dagegen missachtete das Individuum, war ideologisch schmal und rigide. Gita stellte das vor drei Möglichkeiten: sich im sinnlosen Widerstand aufzureiben, etwa mit ihrer Chefin zu streiten, sich täglich gegen ihre eigenen Überzeugungen und ihr Wesen zu verhalten, um den Anforderungen äußerlich nachzukommen – oder zu gehen. Sie stand nun vor dieser Entscheidung.

Manche brauchen ausführliche Anleitungen

Für die Mitarbeiter in Disney-Parks wurde lange in einer mehr als 30-seitigen Anleitung detailliert festgelegt, was ihnen erlaubt war. Für Männer ausschließlich kurzes Haar und glatte Rasur. Für Frauen nur Make-up und Nagellack in dezenten Tönen. Für beide keine auffälligen Haarfarben, kein Schmuck oder sichtbare Tätowierungen. Das Management listete auch unzählige weitere Verbote auf, etwa Stirnrunzeln oder eine schlechte Körperhaltung. »Egal wo Sie arbeiten oder welche Rolle Sie haben: Immer, wenn Sie sich in einem öffentlichen Bereich befinden, sind Sie auf der Bühne.« Ansonsten aber: gern so einbringen, wie man wirklich ist.

Ähnlich ausführlich habe ich das nur bei Freunden gesehen, die als Missionare für die Mormonen unterwegs waren. Ihnen war in einem sogar 60-seitigen Handbuch jedes Detail festgeschrieben, vom erlaubten Haarschnitt über die Farben ihrer Kleidung bis zum exakten Tagesablauf und Verhalten. »Baden Sie, wenn möglich, täglich. Verwenden Sie Deo. Halten Sie Ihre Kleidung sauber, repariert und knitterfrei.« Auch: »Vermeiden Sie Slang und eine unangemessen lockere

Sprache.« Einigen geht das zu weit. Aber wer regelmäßig den Nahverkehr benutzen muss, wünscht sich manchmal, solche Regelungen gäbe es für alle. Denn an kleinen Stinkern mangelt es wahrlich nicht, auch im übertragenen Sinne.

Gespielte Gefühle

In vielen Berufen ist es ein entscheidender Teil der Anforderungen, Gefühle darzustellen – sogenannte »Emotionsarbeit«. Bei Unterhaltungskünstlern, etwa Schauspielern und Sängern, ist das selbstverständlich, auch im Tourismus, in der Gastronomie, in der Beratung und im Verkauf (z. B. Einzelhandel, Callcenter, Messe). Dabei ist es nicht von Interesse, wie der Betreffende nun tatsächlich empfindet, solange er seine Rolle nur glaubhaft spielt. Neu ist, dass dieser Anspruch auf viele weitere Branchen und in die Organisationen hinein ausgeweitet wurde, also auch in Bezug auf Vorgesetzte und Kollegen, die sogenannten internen Kunden. Häufig ist die Hoffnung dabei, so Kundenfreundlichkeit und eine Serviceorientierung für bessere Ergebnisse zu fördern.

Wenig hilfreich ist es in dieser Situation, sich mit direkten Vorgesetzten über die Unternehmenskultur und einzelne Vorgaben am Arbeitsplatz zu streiten. Sie haben sie nicht entwickelt und eingeführt, können sie auch nicht wirklich beeinflussen. Möglicherweise passt es für sie, vielleicht sind sie eigentlich auch dagegen. Entscheidend sind aber Sie.

Manchmal kommt es vor, dass Ihnen eine Führungskraft signalisiert, dass sie selbst nicht an das glaubt, was sie Ihnen erzählen muss. Oft erfahren Sie die wahren Ansichten aber erst, wenn Ihr Gegenüber nicht mehr im Unternehmen ist. Dann hören Sie manchmal ein ehrliches: »Mich hat das damals auch genervt.« Ebenso wenig empfehlenswert ist es aber, die eigenen Ansichten ewig zu unterdrücken. Sie würden zwar mitspielen, aber zunehmend darunter leiden.

Wer sich ständig verleugnet, wird krank
Wenn äußerer Ausdruck und innere Empfindungen voneinander abweichen, spricht man von *emotionaler Dissonanz.* Beispiel: Sie sind wütend auf einen unverschämten Kunden, sollen ihm aber immer zustimmen und freundlich lächeln. Auf Dauer ist Selbstverleugnung ungesund. Sie kann zu Erschöpfung, Hilf- und Hoffnungslosigkeit, Zynismus, Alkohol- und Drogenmissbrauch führen. Wenn Ihr Beruf eine ständige Verleugnung der eigenen Ansichten erfordert, ist es daher besonders wichtig, auf einen Ausgleich zu achten.

Wer eine Rolle spielt, muss sich mehr erholen

Die erfolgreiche Strategie ist, sich zunächst darüber klar zu werden, ob man stark emotional geprägte Arbeit leisten möchte und kann. Für manche Menschen ist das interessant und eine reizvolle Herausforderung, für andere die falsche Wahl. Wenn Sie eine Abneigung dagegen verspüren, regelmäßig eine Rolle spielen zu müssen, sollten Sie das Unternehmen oder ganz die Branche wechseln. Sie ersparen sich damit das für Sie negative Erlebnis, sich ständig verleugnen zu müssen. Es gibt unzählige berufliche Möglichkeiten, bei denen diese Anforderung nicht besteht, sondern allgemeine Hilfsbereitschaft und Höflichkeit ausreichen. Zum Beispiel: technische, handwerkliche oder intellektuelle Tätigkeiten.

Wenn Sie sich dagegen für einen Dienstleistungs- oder Serviceberuf entschieden haben oder in einem Unternehmen arbeiten, das diese Mentalitäten für sich angenommen hat, sind viele Pausen von Ihrer Rolle wichtig. Sich mehrmals täglich kurz zurückziehen, durchatmen und wieder sammeln können. Ideal sind regelmäßige Wechsel zwischen unterschiedlichen Tätigkeiten oder Teams (Rotation). Ein erfahrener Arbeitgeber in diesem Umfeld kennt und respektiert dieses Bedürfnis und hat es bereits eingeplant. Der beste Fall ist es aber, wenn Sie auch in diesem Fall mittelfristig zu einem Unternehmen wechseln, dessen geschäftliches Anliegen Sie persönlich teilen. Dann wird die Rolle zur echten Berufung.

Kein Verstellen

Dass Ihre veränderte Strategie erfolgreich ist, erkennen Sie daran, dass Sie sich langsam, fast wie von selbst, in ein neues Umfeld bewegen, in dem Sie nicht mehr ständig gegen Widerstände kämpfen oder sich verstellen müssen. Das heißt nicht, dass es keine inhaltlichen Auseinandersetzungen und harten Diskussionen mehr geben wird – etwa bei Richtungsentscheidungen (Strategien), Ziel- und Verteilungskonflikten. Das ist selbst am besten Arbeitsplatz normal und wenn sich alle Beteiligten gut kennen und schätzen (z. B. in einem Familienbetrieb). Aber Sie werden immer sicher sein, als Mensch respektiert und angenommen zu werden, wie Sie sind, sich also nicht ständig persönlich angegriffen fühlen. Gleichzeitig entwickeln Sie ein feines Gespür dafür, ob Form und Inhalt des Gesagten übereinstimmen, ob also beispielsweise jemand wirklich respektvoll mit Ihnen spricht oder nur einen Zwang geschickt verpacken will.

Genauer hingeschaut

Schon zu Beginn unseres Coachings war sich Gita recht sicher gewesen, dass sie ihren bisherigen Arbeitgeber verlassen würde. Anstatt sich weiter über ihre Chefin zu ärgern, reservierte sie zwei Stunden pro Woche für Bewerbungen und

Netzwerken. Sie kontaktierte oder traf fortlaufend lockere Bekannte und ehemalige Kollegen, die nun in anderen Unternehmen ihrer Branche arbeiteten, auf einen Kaffee oder zum Mittagessen. »Ich habe in den Gesprächen mehr als bisher nicht nur auf die sachlichen Informationen geachtet, was die Firma zum Beispiel genau macht. Sondern mir auch berichten lassen, wie der Arbeitsalltag organisiert ist, wie Mitarbeitergespräche und Bewertungen ablaufen, wie der allgemeine Ton ist.« Über LinkedIn sprach sie neue Kontakte an.

Bei Stellenanzeigen ging sie, wie bereits vorher, auf die Internetseite des Unternehmens, las sich nun zusätzlich aber auch deren Stellungnahmen zu Werten, Vision und Mission komplett durch. »Wenn mir das schon fremd war oder eine innere Abwehr bei mir ausgelöst hat, habe ich mich gar nicht mehr beworben. Das wäre Zeitverschwendung für beide Seiten.« Schließlich fand sie ihre neue Stelle bei einem Reiseveranstalter, der ihrem einstigen Ausbildungsbetrieb ähnelte: »Schnörkellos und ehrlich, das passt zu mir.« Hier musste sie keine Rolle mehr spielen.

Unverzeihlicher Fehler

Ein Freund arbeitete im Vertrieb eines Kosmetikherstellers und war oft in Parfümerien, um die Produkte vorzustellen. Einmal machte er dabei einen fast unverzeihlichen Fehler: Er bückte sich, um einer Kundin etwas aus einer Schublade zu geben. Sofort wurde Großalarm ausgelöst, der Geschäftsführer herbeigerufen und eine Krisensitzung am Stand abgehalten: Hatte er damit nicht der geschätzten Kundin den Rücken zugewandt, gar sein Gesäß? Nur mit Mühe konnte er sich herausreden, noch ein Anfänger zu sein und dieses Geschäft nicht genau zu kennen. Der Kundin war das nicht einmal aufgefallen. Er hat, inzwischen ein Profi, seine Lektion gelernt – und weiß seitdem, wo die wahren Ärsche stecken.

Vor einigen Jahren war es für bestimmte Positionen noch möglich, für den Auftritt bei Kunden und beruflich bedingten Veranstaltungen einen Gehaltszuschlag auszuhandeln. Denn billig ist Business- und Abendgarderobe nun sicher nicht. Aber das ist leider selten geworden, seit man sogar bei einer Opernpremiere im Jogginganzug auftauchen kann und sowieso nie besser als der Kunde angezogen sein sollte. Da treffen Arbeitgebergeiz und moderner Zeitgeist wieder einmal ungünstig zusammen, und man zahlt selbst drauf.

Eine kleine Übung: Ihre eigenen Überzeugungen, Ziele und Werte formulieren

Sie finden den für sich passenden beruflichen Weg, wenn Sie sich langfristig an Ihren Überzeugungen, Zielen und Werten orientieren. Diese kleine Übung kann Ihnen dabei helfen. Gehen Sie auf die Internetseiten von drei bis fünf Unternehmen, deren Produkte oder Angebote Sie schätzen. Lesen Sie sich dort durch, wie sie ihre Werte, ihre Vision und Mission beschreiben. Was spricht Sie an, was weniger? Kopieren Sie sich in ein eigenes Dokument, was Ihnen gefällt. Formulieren Sie auf dieser Basis einige Sätze (ca. halbe A4-Seite), was Ihnen wichtig ist. Diese Überlegung unterstützt Sie dabei, für sich zu fixieren, worauf Sie bei zukünftigen Arbeitgebern in diesem Bereich achten wollen.

IRGENDWO MÜSSEN DIE OPFER DOCH SEIN!

Frank muss zur Kenntnis nehmen, dass Führungspositionen heute eher an jüngere Frauen gehen. Als Mann über 50 fühlt er sich deswegen inzwischen selbst benachteiligt. Die Lektion: Es hat keinen Sinn, alten Zeiten nachzutrauern.

Frank konnte sich nicht daran erinnern, jemals besonders missgünstig gewesen zu sein. Im Gegenteil: Er hatte sich immer gefreut und selbst motiviert gefühlt, wenn Kollegen erfolgreich waren und vorankamen. Ihm war das Berufsleben wie ein harter sportlicher Wettkampf erschienen. Jeder hatte seine Chance und konnte sich bewähren, wenn er die notwendigen Fähigkeiten und den ausreichenden Einsatz dafür mitbrachte. Doch inzwischen schienen ihm systematisch die Regeln verletzt zu werden. Er fühlte sich als Mann über 50 nun ganz unabhängig von seinen Leistungen herausgedrängt und gleichzeitig machtlos, etwas dagegen zu tun. Denn das waren zwei Kriterien, die er nicht verändern konnte.

»Überall hört man, dass Führungspositionen weiblicher und jünger besetzt werden sollen. Das klingt zunächst einmal gut«, meinte er. »Wenn man aber darüber nachdenkt oder selbst betroffen ist, dann ist das offene Diskriminierung. Es ist eben ein Unterschied, ob sich ein Arbeitgeber zuerst auf Geschlecht und Alter festlegt und nur noch aus dieser Gruppe den Besten heraussucht – oder über alle Bewerber hinweg.« Er sah inzwischen voller Neid auf jüngere Frauen, die anscheinend bevorzugt an ihm vorbeizogen: »Das ist ein Wettbewerb, bei dem ich vorab ausgeschlossen werde. Und das soll ich auch noch gut finden?« Damit wollte er sich nicht abfinden.

Jeder fühlt sich auf eine Art benachteiligt

Frank, Abteilungsleiter bei einer Versicherung, hatte sich für ein Coaching angemeldet, weil er befürchtete, beruflich abgemeldet zu sein. Seit mehr als zwei Jahren bemühte er sich um den nächsten Karriereschritt, bekam aber sowohl auf interne wie auf externe Bewerbungen immer nur Absagen.

»Mein Eindruck ist, dass Männer über 50 kaum noch eine Chance haben«, meinte er in unserem ersten Gespräch und klang verbittert. »Wenn eine gute Position frei wird, geht sie bevorzugt an eine Frau um die 35, selbst wenn sie niedriger qualifiziert ist.« Beschwerden von Frauen, benachteiligt zu werden, hielt er inzwischen weitgehend für Taktik. »Früher vielleicht. Heute trifft eher das Gegenteil zu. Die Firmen sparen sich damit die höheren Gehälter für erfahrene ältere Spezialisten, die auch nicht so leicht lenkbar sind, und können das noch öffentlich als Fortschritt verkaufen.«

Als Coach höre ich von den unterschiedlichsten Klienten die Überzeugung, benachteiligt zu werden. Von jungen Frauen wie von älteren Männern, von Angestellten wie Freiberuflern, von Einheimischen wie Expats, von Singles wie Eltern. Immer ließen sich ausgewählte Statistiken und Einzelfälle anführen, die den Eindruck bestätigen oder widerlegen. Beides ist allerdings nicht der Ansatz eines Coachings. Dieses konzentriert sich auf die individuelle Situation und die damit verbundenen Möglichkeiten. Nicht auf grundsätzliche

Überlegungen und langfristige Änderungsvorschläge, wie sie Politiker und Aktivisten beschäftigen. Vielmehr beginnt hier die Lösung mit der Frage an sich selbst: Was kann ich persönlich innerhalb der derzeitigen Umstände tun, um meine Lage zu verbessern? Die Antwort darauf ist der Ausweg.

Verändertes Umfeld

»Ich stehe seit bald 30 Jahren im Berufsleben. Ständig hat sich etwas verändert. Das war insgesamt auch positiv. Wir arbeiten heute mit ganz anderer Technik, auch die Produkte und Prozesse sind weiterentwickelt worden«, erzählte Frank im ersten Gespräch. »Das war nicht immer leicht, hat uns aber nach vorn gebracht.« Vom HR-Bereich könne er das allerdings nicht sagen: »Da werden die Ankündigungen immer hochfliegender, die Realitäten dagegen immer trauriger.«

So erschien es ihm empörend heuchlerisch, dass inzwischen überall *Chancengleichheit* und *Vielfalt* beschworen würden, dabei aber immer feiner unterschieden werde, für wen sie gelten sollten. »Als Mann über 50 höre ich ständig, wie *privilegiert* ich angeblich bin. Bewerbe ich mich dann, höre ich mehr oder weniger offen, dass man so jemanden wie mich nun keinesfalls will. Offen steht das natürlich nicht in der Stellenanzeige. Das wäre gesetzlich auch verboten. Aber ruft man einmal die zuständige Personalabteilung an, wird einem das erstaunlich ehrlich gesagt.«

Seinen vorherigen Arbeitgeber hatte Frank bereits verlassen, weil es für ihn keinen weiteren Weg nach oben gab. Was danach geschah, schien ihm symptomatisch: »Ich war 48, als ich dort kündigte. Meine Stelle ging ohne Ausschreibung an eine 27-Jährige, die gerade erst ins Unternehmen gekommen war und nicht einmal einen Studienabschluss hatte. Alle anderen in meiner damaligen Abteilung – mehrheitlich Männer zwischen Mitte 30 und Anfang 40, alle besser qualifiziert und seit Langem dabei – wurden ohne jede Chance übergangen. Die Geschäftsführung wollte unbedingt eine Frau in einer Führungsposition. Also hatten alle anderen Pech gehabt.«

Ehemalige Kollegen berichteten ihm bei späteren Wiedersehen, dass sie der jungen, unerfahrenen Chefin regelmäßig das Geschäft erklären mussten und diese sich später wegen eines Burnouts krankgemeldet habe. Eigentlich könnte ihm das, mehrere Jahre nach seinem Ausscheiden, gleichgültig sein. Doch in einem Branchendienst hatte er gelesen, dass seine Nachfolgerin inzwischen zurückgekehrt und in die Geschäftsführung aufgestiegen war. Frank hatte selbst auf diese Chance gehofft: »Dann soll man aber noch bestätigen, dass Frauen benachteiligt würden!«

Bei seinem aktuellen Arbeitgeber waren schon zweimal Führungspositionen an werdende Mütter vergeben worden, die direkt mit der Beförderung in den Mutterschaftsurlaub gingen. »Für sie war das perfekt. Sie hatten den Titel und das Einkommen, konnten sich aber zu Hause der Familie widmen. Die Arbeit wurde an die Vertreter und das Team weitergereicht. Auch nach Rückkehr, wenn die Mütter immer pünktlich oder sogar früher gehen müssen, während die anderen weiterarbeiten«, meinte Frank empört. »Der Vorstand nutzte das natürlich, um sich als modern und familienfreundlich darzustellen. Wer sich darüber aufregt, bekommt noch unterstellt, dass er wohl etwas dagegen habe, wenn Frauen aufsteigen.«

Sein Bereichsleiter nahm ihn einmal beiseite und riet ihm durchaus freundlich, bei Konferenzen nichts mehr zu sagen, wenn sich einige Teilnehmerinnen verhaspelten oder nicht weiterwussten: »Damit mir das nicht als *Mansplaining* ausgelegt wird. Einige Kolleginnen wären etwas unsicher und würden sich sonst nicht trauen. Dabei wolle man sie doch ermutigen. So weit sind wir also inzwischen wieder: Man soll den Mund halten, wenn man das falsche Geschlecht hat.«

In seiner eigenen Abteilung hatte er sehr gemischte Erfahrungen mit Kolleginnen gemacht: »Großartige, kompetente Frauen darunter, die jeden Mann in die Tasche stecken, aber oft abwinken, wenn man ihnen eine Führungsposition anbietet – oder nach wenigen Jahren wieder gehen. Und andere, die sich haltlos überschätzen, aber von der aktuellen Bevorzugung profitieren.«

Die heutige Jugend war immer die schlimmste

»Die Jugend liebt heutzutage den Luxus. Sie hat schlechte Manieren, verachtet die Autorität, hat keinen Respekt vor den älteren Leuten und schwatzt, wo sie arbeiten sollte«, meinte der griechische Philosoph Sokrates schon vor 2400 Jahren. Ähnliche Klagen finden sich auf noch älteren Tontafeln und Inschriften der Sumerer, Babylonier und Chaldäer. Was sagt uns das? Aus der unerträglichen Jugend sind zuverlässig noch immer mäkelige Alte geworden, die nun alles besser wissen. Der Hauptvorwurf an die heutige Jugend wird allerdings nur selten offen ausgesprochen. Er lautet irgendwann: dass man selbst nicht mehr dazu gehört.

Der Wiener Schriftsteller Stefan Zweig (1881 bis 1942) erzählt in seinen Erinnerungen, wie die jungen Berufstätigen seiner Zeit noch versuchten, älter und erfahrener zu wirken. Die Männer ließen sich Bärte stehen und trugen Brillen mit Goldrand, auch wenn sie gar keine brauchten. »Man legte sich lange schwarze Gehröcke zu und einen gemächlichen Gang, um diese erstrebenswerte Gesetztheit zu verkörpern.« Diesen Look pflegen Hipster heute noch, gehen an die Jugendfrage aber viel flexibler ran. Mancher ist schon Mitte 40, wenn das erste Kind endlich da ist, lebt aber weiter ganz mit dem Selbstbild, ein junger Papa zu sein.

Berechenbarer Aufstieg erwartet

Wie wir in unserem Coaching sahen, orientierte sich Frank gedanklich noch immer an den Vorstellungen aus der Anfangszeit seines Berufslebens. Er hatte einen weitgehend linearen Aufstieg erwartet: Beförderungen alle drei bis fünf Jahre, wenn seine Leistung nur ausreichend gut wäre und er sich loyal zeigte. Als typischen Vorgesetzten sah er damals einen erfahrenen Mann über 50 vor sich, der fachliche und persönliche Autorität ausstrahlte und sich schon lange in der Praxis bewährt hatte. Nun war er selbst an diesem Punkt angekommen, hatte dafür auch viel investiert – und musste aber feststellen, dass die Regeln inzwischen zu seinen Ungunsten verändert worden waren. Was er all die Jahre für wichtig gehalten hatte und nun selbst repräsentierte, galt plötzlich nicht mehr viel. Das enttäuschte und empörte ihn.

Veränderte Arbeitgeberwünsche

Dabei hatte Frank, aus seiner Perspektive gesehen, durchaus überlegt und sinnvoll gehandelt. Bis vor wenigen Jahren haben Unternehmen tatsächlich lange Betriebszugehörigkeiten belohnt, um qualifizierte Mitarbeiter mit ihren Kenntnissen und Erfahrungen zu halten: erwartbare Beförderungen, Gehaltserhöhungen und Treueprogramme. Die Karrierewege entsprachen den damaligen Lebensentwürfen, nach denen nur eine Minderheit von Frauen in Vollzeit berufstätig war (in Deutschland 1991 unter 40 Prozent laut Statistischem Bundesamt). Das aber galt bis vor Kurzem als Voraussetzung für eine Führungsposition. Mehrere dieser Faktoren haben sich seitdem verändert, und Frank hatte es versäumt, seine Planung entsprechend anzupassen.

Die starke Konkurrenz durch jüngere Frauen, denen heute flexiblere Arbeitszeitregelungen und andere Vorteile entgegenkommen, kam für ihn nicht nur unerwartet. Er wusste ihr auch nichts entgegenzusetzen, ohne sich selbst zu beschädigen. »Mache ich nichts, werde ich übergangen und beiseitegeschoben. Wehre ich mich, stehe ich als alter Mann da, der die Zeichen der Zeit nicht erkennen und Frauen ihren Erfolg nicht gönnen will«, beschrieb er sein Dilemma. Anders als bei männlichen Konkurrenten, die ihm vertraut waren, wusste er nicht, wie er hier kämpfen sollte. Er reagierte mit Neid und Verbitterung. »So bin ich eigentlich gar nicht«, meinte er einmal. »Aber ich fühle mich in die Enge getrieben.«

Erst alles versuchen, ehe Sie aufgeben
Lassen Sie sich gedanklich nicht davon einschränken, was Statistiken und Umfragen zu Ihren angeblichen Chancen sagen – im Positiven wie im Negativen. Durchschnittswerte sind Indikatoren, aber nur begrenzt hilfreich für Ihre persönlichen Entscheidungen. Sie sind ein eigener Mensch, der seine Chancen und Risiken individuell bewerten und entsprechend mit ihnen umgehen sollte. Vielleicht sind Sie die Ausnahme, und wenn es nicht ganz perfekt klappt, sind Sie immerhin sicher, alles versucht zu haben.

Alle suchen sich die Beweise, die sie brauchen

Google, regelmäßig zu einem der besten Arbeitgeber der Welt gewählt, wurde gleichzeitig schon von fast allen Seiten systematische Diskriminierung vorgeworfen. Die einen meinten, Männer, Weiße und Asiaten würden bevorzugt. Andere sagten, gerade deren Bewerbungen würden doch heimlich aussortiert, damit mehr Frauen, Latinos und Schwarze ins Team kämen. Manche forderten eine leistungsorientierte Bezahlung. Andere, dass aber keinesfalls bestimmte Gruppen weniger verdienen dürften. Wer zuerst seine Milliardenklage einreicht und die Medien informiert, gewinnt – und wenn es nur ein saftiger außergerichtlicher Vergleich ist.

Ein Blick in die Geschichte zeigt, dass viele weibliche Führungskräfte Derartiges nicht nötig hatten. Kleopatra beherrschte das alte Ägypten, Theodora regierte Byzanz. Maria Stuart war es in Schottland, Victoria in England, Katharina die Große in Russland. Das waren natürlich glamouröserе Jobs als beispielsweise Vorstandsmitglied einer Sparkasse oder bei den städtischen Verkehrsbetrieben. Auch Diensträume und -kleidung waren nicht zu vergleichen mit dem heutigen Angebot. Aber die Taktik, die sie anwendeten, hat sich seit Tausenden Jahren bewährt: nicht jammern und fordern, sondern sich die Krone holen und auf dem Thron einrichten.

Ansprüche von allen Seiten

Wichtig für den eigenen Fortschritt ist, bei aller persönlichen Betroffenheit, auch hier die Gegenseite zu verstehen. Unternehmen suchen grundsätzlich die besten Mitarbeiter für die anstehenden Aufgaben. Durch Jüngere erhoffen sie sich mehr Innovation, höhere Flexibilität und geringere Kosten, auch wenn das oft nicht so eintritt. Gleichzeitig sind sie bereits unzähligen gesetzlichen Vorgaben und gesellschaftlichen Forderungen ausgesetzt, bestimmte Gruppen zu festen prozentualen Anteilen einzustellen – Frauen, Migranten, Behinderte, um nur einige zu nennen.

Praktisch unlösbar ist das Dilemma für Arbeitgeber, dass *positive Diskriminierung* (erleichterte Zugänge oder Quoten) von einigen als überfälliger Ausgleich gefordert wird, von anderen gleichzeitig als das nächste Unrecht abgelehnt.

Es bringt Ihnen wenig, sich lange damit aufzuhalten, bestimmten Personen, früheren oder aktuellen Umständen die Schuld zu geben. Am Ende würden Sie wenig praktisch bewegen, sich selbst erschöpfen und feststellen, dass Sie nicht die ganze Menschheit auf einmal ändern können. Wettbewerbe, wer nun wie benachteiligt ist, enden mit der Einsicht, dass jeder seine Nachteile hat. So sterben die angeblich privilegierten Männer im Schnitt knapp fünf Jahre früher als Frauen, unter anderem, weil sie körperlich schwerere und gefährlichere Arbeiten verrichten und größerem Stress ausgesetzt sind. Ebenso wenig bringt es, alten Zeiten nachzutrauern, unerfüllbare Utopien zu verlangen oder sich an den aktuell Begünstigten abzuarbeiten. Jeder nutzt die Vorteile, die sich ihm bieten. Kaum jemand verzichtet anderen zuliebe.

Erst das eigene Problem lösen, dann die Welt verändern

Die erfolgreichere Strategie ist, zuerst Ihr persönliches Problem anzugehen. Lösen Sie sich also von dem weit verbreiteten, nur scheinbar leichteren Ansatz, dass sich vor Ihnen zuerst alles andere ändern müsse, gar die ganze Gesellschaft oder die Welt. Wenn Sie Letzteres umtreibt, engagieren Sie sich bei einer Partei, einer NGO, in einem Verein oder in einer Initiative für das entsprechende Anliegen. Gehen Sie aber davon aus, dass es sich dabei um einen langwierigen Prozess handelt, von dessen Ergebnis Sie möglicherweise nicht mehr viel haben werden. Das kann Ihre persönlichen Veränderungen ergänzen, nicht ersetzen. Zuerst also Sie, dann der Rest.

Konzentrieren Sie sich auf Ihre aktuelle eigene Lage. Was haben Sie bisher eventuell falsch beurteilt oder übersehen, wo könnten noch ungenutzte Möglichkeiten sein, die Sie jetzt voranbringen? Vor allem: Richten Sie Ihre Aufmerksamkeit, Zeit und Kraft komplett auf die Parameter, die Sie beeinflussen können. Also nicht auf diejenigen, die gegeben sind, beispielsweise Alter, Geschlecht oder Herkunft. Nutzen Sie, was Sie haben, anstatt das zu beklagen, was hinderlich ist. Sie werden überrascht feststellen, wie viel mehr geht als zunächst gedacht.

Wenn Sie negative Gefühle gegenüber bestimmten Menschen spüren, etwa Wut, Neid oder Eifersucht, so wie Frank auf seine Nachfolgerin beim alten Arbeitgeber: Erkennen Sie das als normal und verständlich an. Versuchen Sie aber auch etwas zu finden, was Sie von den anderen lernen und respektieren können. Nur in seltenen Fällen steigt jemand ganz grundlos auf und hält sich, sondern bringt immer auch Qualitäten und Leistungen ein. Erkennen Sie das auch an.

Viele kleine Schritte

Dass Ihre veränderte Strategie wirkt, erkennen Sie daran, dass Sie sich nicht mehr ewig mit Klagen oder Vorwürfen aufhalten, immer wieder an vergangene Zeiten und enttäuschte Hoffnungen denken. Sondern sich ganz darauf konzentrieren, was Sie für sich selbst und eventuell die Allgemeinheit besser machen könnten. Das werden am Anfang winzige Entscheidungen und kleine Schritte sein, die fast bedeutungslos erscheinen. Sie führen Sie aber langfristig auf einen konstruktiven Kurs. Dadurch nutzen Sie zuerst alle bereits vorhandenen Möglichkeiten komplett aus und merken dabei, dass sich wie von selbst immer weitere für Sie eröffnen. Für ewige Theorie-Diskussionen, Anklagen und Streitereien haben Sie keine Zeit und kein Interesse mehr. Bei Widerständen prüfen Sie genau, ob sich der Kampf lohnt. Möglicherweise sind sie eher ein Hinweis darauf, dass es an der Zeit wäre, eine größere Veränderung zu wagen, sich nämlich in ein positiveres Umfeld zu bewegen.

Mehr Einfluss auf den eigenen Erfolg

Frank fiel es nicht leicht, sich von seinem lang gehegten Traum endlich zu verabschieden, wenigstens bei seinem neuen Arbeitgeber aufzusteigen, vielleicht sogar in die Geschäftsleitung. Doch angesichts seines Alters und der absehbar geringen Chancen schien es ihm wenig ratsam, noch länger darauf zu hoffen. Er hörte sich verstärkt in seiner Branche um und erfuhr, dass ein ehemaliger Kollege sich schon einige Jahre zuvor mit einer eigenen Agentur selbstständig gemacht hatte. Er nahm den Kontakt zu ihm wieder auf, und sie handelten miteinander aus, dass Frank als Verkaufsleiter und Partner bei ihm einsteigen würde.

Von seinem Arbeitgeber erbat er danach einen Aufhebungsvertrag. »Ich habe damit argumentiert, dass man mir keine Perspektive mehr bieten könne, ich aber gleichzeitig praktisch unkündbar war.« Er erhielt eine Abfindung in Höhe eines Jahresgehaltes, die er teilweise in seinen Agenturanteil investierte. »Ich will nicht mehr auf andere warten, sondern meinen Erfolg endlich stärker selbst lenken«, begründete er den Schritt. Wenn er überhaupt noch an seine alten Arbeitgeber dachte, ermahnte er sich zu Großzügigkeit und wünschte ihnen alles Gute. Er war selbst nun auch schon weiter.

Eine Chance für jeden

Wenn man Personalmanager fragt, gibt es eigentlich weder das richtige Alter noch das perfekte Geschlecht. Irgendwie ist alles problematisch und mit Risiken behaftet, die die Firma lieber nicht eingehen möchte. Selbst im idealen Zeitfenster zwischen Anfang und Mitte 30 wird man heute schon mäkelig. Frauen könnten ja Mutter werden wollen, Männer wegen früher Sinnkrise ein Sabbatical beantragen. Man fragt sich, wie Personalmanager das eigentlich selbst anstellen. Denn da trifft man auf unsichere Berufsanfänger, die eher Hilfe von den Bewerbern vor sich gebrauchen können, auf entspannte Profis weit über dem Rentenalter und auf alles dazwischen. Vielleicht sollten wir uns einfach alle beim HR bewerben! Allerdings haben sich manche Unternehmen selbst von diesen Abteilungen verabschiedet und ihre Aufgaben an externe Agenturen vergeben. Da werden Vorstellungsgespräche dann besonders interessant: Von jemandem befragt zu werden, der die Firma auch nicht kennt.

Eine kleine Übung: Ein Zukunftsplan, der Sie langfristig denken lässt

Der langfristige Blick über die aktuellen Umstände hinaus hilft Ihnen, trotz mancher aktuell unbestreitbarer Hürden erfolgreich zu sein. Führen Sie dazu fortlaufend einen Zukunftsplan. Detailliert für die nächsten zwölf Monate, in groben Stichpunkten für die kommenden fünf und zehn Jahre. Das kann in einem schön gestalteten Heft sein, in das Sie gelegentlich passende Fotos einkleben, oder in einer Datei auf Ihrem Computer. Aktualisieren Sie den Plan einmal pro Quartal: Wo wollen Sie hin, was sind Ihre Schwerpunkte? So überdenken Sie regelmäßig Ihre Lage und Möglichkeiten und geben Ihren alltäglichen Entscheidungen ein übergreifendes Ziel und somit eine Richtung.

TYPOLOGIE: WOMIT PACKT SIE DER CHEF?

Mit Drohungen einschüchtern, an Ihre Hilfsbereitschaft appellieren oder als echtes Vorbild inspirieren: Vorgesetzte haben viele Wege, Sie zu packen. Worauf sprechen Sie an? Finden Sie heraus, welcher Typ Sie sind – und was Ihnen weiterhilft.

Wer ein bisschen Beziehungserfahrung hat, der weiß schon aus seinem Privatleben, dass bei der Kommunikation die kleinen Signale zählen. Die wichtigen Informationen werden nicht auf feierlichen Ansprachen, bei großen Treueversprechen oder in Grußkarten übermittelt. Sondern in Nebensätzen, mit scheinbar belanglosen Bemerkungen, kaum merklichen Gesten. Antwortet eine Frau auf irgendeine Frage – »Was hast du?«, »Was willst du?« – nur mit: »Nichts«, sind kluge Männer sofort alarmiert. Das kann nur bedeuten: »Wenn du überleben willst, liest du besser meine Gedanken, überdenkst deine Sünden und machst alles, was ich dir als Nächstes mit einem rätselhaften Seufzen andeuten werde.«

Fragt sie: »Was denkst du gerade?«, will sie keineswegs wissen, was er gerade denkt. Hier geht es um territoriale Markierung und eifersüchtige Kontrolle: Er darf an alles denken, solange es um sie geht. In diesem Fall kann eine Notlüge einiges retten: »An dich – und wie süß du heute wieder aussiehst.« Sie wird es nicht glauben, aber das hektische Bemühen anerkennen. Denn das bedeutet, dass er die Gefahr erkannt hat, ihren Status bestätigt und sich stillhält. Das ist Führen durch emotionale Intelligenz praktisch angewendet.

Aber auch Männer können rätselhaft sein. »Ich melde mich«, bedeutet fast immer: Ich melde mich nicht. »Können wir später darüber reden?«, heißt: Ich möchte nicht darüber reden. Bringt er ihr an einem Werktag ohne jeden Anlass einen Blumenstrauß mit, verrät das praktisch nie, dass er fremdgegangen ist. Er wollte sie einfach nur überraschen und war dabei so arglos, dass er gar nicht bedacht hat, wie böswillig ihm das ausgelegt werden könnte. Er war intrinsisch motiviert.

Auf diese mehrdimensionale Weise müssen Sie auch Ihren Chef lesen lernen. Auch hier zählen nicht die große Ansprache vor der Belegschaft, seine monatliche Botschaft im Intranet, die er sowieso nicht selbst geschrieben hat, oder der feierliche Rundbrief zu irgendeinem Jubiläum, in dem nur der Empfängername angepasst wurde. Es geht darum, welche Seite er an Ihnen anzusprechen versucht, um seine Ziele zu erreichen. Vorgesetzte haben viele Wege, Sie zu packen, negative wie positive. Mit Drohungen einschüchtern, an Ihre Hilfsbereitschaft appellieren, als echtes Vorbild inspirieren oder Ihnen eine spannende Aufgabe anbieten.

In diesem Kapitel geht es um sieben Arten, ansprechbar zu sein. Ein bisschen wird alles auf Sie zutreffen. Gleichzeitig gibt es eine bestimmte Art, die Ihr Wesen weitgehend beherrscht und Ihnen besonders entspricht. Entscheiden Sie anhand der Beschreibungen, wo Sie sich aktuell einordnen würden.

Beachten Sie, dass es sich dabei immer um eine Momentaufnahme handelt. Jeder gibt mal klein bei, um unangenehme Konsequenzen zu vermeiden (Stufe 1), oder beteiligt sich aus echtem Interesse (Stufe 7). Je mehr Ihnen die unterschiedlichen Formen bewusst sind, desto gezielter können Sie zu derjenigen wechseln, die Sie bevorzugen.

Ändern Sie sich, beim Chef ist's unmöglich
Halten Sie sich nicht lange damit auf, einen schwierigen Chef zu kritisieren. Sie werden ihn nicht mehr ändern. Beobachten Sie lieber einmal aufmerksam, wie unterschiedlich er mit seinen Mitarbeitern umgeht. Manche umschmeichelt er, andere bedroht er und vor wieder anderen scheint er selbst Angst zu haben. Einige hassen ihn, andere lieben ihn. Wenn Sie die Strategie Ihres Vorgesetzten verstanden haben, ist es leicht, ihn sich zum Freund zu machen oder zumindest seine Methode zukünftig ins Leere laufen zu lassen.

Stufe 1: Getrieben von Angst

Bei der ersten Stufe lassen Sie sich von Ihrem Vorgesetzten durch Angst einschüchtern und manipulieren. Wer ständig persönliche Schwierigkeiten (z. B. Kritik, Abmahnung) oder sogar eine allgemeine Katastrophe (z. B. Weltuntergang) fürchtet, kann kaum noch selbstbestimmt entscheiden. Er wird von anderen Menschen oder den Umständen getrieben, fühlt sich abhängig und hilflos (»Ich habe doch keine Alternative!«). Auf Dauer erschöpft Sie diese Perspektive völlig.

Typische Erkennungszeichen:

- Die täglichen Nachrichten machen Ihnen Angst. Sie sind sicher, dass es so nicht mehr lange weitergehen kann (z. B. für die Gesellschaft, unsere Erde).
- Im Beruf gehen Sie vorsichtig heran. Sie fürchten ernste Konsequenzen, wenn Sie sich verweigern. Da-

her tun Sie oft Dinge, zu denen Sie sich gezwungen fühlen. Später ärgern Sie sich über Ihren vermeintlich schwachen Willen und zweifeln noch mehr an sich.

- Wenn Sie andere Menschen sehen, fühlen Sie sich manchmal ein wenig klein und nicht genug gesehen. Sie wünschten sich, Sie wären mutiger und stärker.
- Es tut Ihnen gut, getröstet oder emotional berührt zu werden (z. B. durch Motivationssprüche, Tiervideos). Ihrer eigenen Lage hilft das allerdings nicht.

Beispielhafte Lebenssituationen sehen so aus:

- Die Personalchefin, die nach jahrelangen Enttäuschungen ihrem Vorstand gar nichts mehr glaubt, sich aber auch vor Gegenwehr fürchtet. Jede *Change-Initiative,* die das HR angeblich modernisieren sollte, führte nur zu weiteren Einsparungen. »Ich würde jedem abraten, hier zu arbeiten. Offen kann ich Bewerbern das nicht sagen, spreche in Vorstellungsgesprächen aber schon von einem ›sehr herausfordernden Umfeld‹.«
- Der IT-Projektmanager, der vor Jahren schon kündigen wollte, aber Angst hat, nichts Vergleichbares zu finden. »Die Hardware-Ausstattung ist uralt. Bei der Software wurde ewig nur improvisiert und zusammengeflickt. Unsere Vorgaben ändern sich ständig, deshalb planen wir immer wieder neu. Die größte Sorge des Managements ist jetzt aber, dass im IT-Team nur Männer arbeiten. Dazu sage ich lieber nichts.«
- Die Lehrerin, die inzwischen davon überzeugt ist, dass der Menschheit nur noch wenige Jahre zum Überleben bleiben, wenn sie ihr Verhalten nicht ändert. Auf Facebook ist sie verschiedenen Umwelt- und Klimaschutzgruppen beigetreten, liest auch in einigen Online-Foren mit. »Je mehr ich erfahre, umso größere Angst habe

ich. Meine Hoffnung sinkt, wenn ich sehe, wie ignorant viele Menschen sind. Ich wünschte, ich hätte die Kraft und Mittel, mehr zu bewegen.«

Damit packt Sie der Chef: Ihre *Angst* macht es ihm leicht, Sie noch weiter einzuschüchtern oder sogar mit offenen Drohungen in seinem Sinne gefügig zu machen.

Effekt auf Sie: beklemmend.

Wie hilfreich für Sie: sehr wenig (z. B. nur wegen des halbwegs sicheren Jobs, obwohl das Einkommen nicht besonders ist und Sie ständig erschöpft sind).

Das hilft Ihnen sofort: Schaffen Sie mehr Abstand, um sich dem starken Einfluss Ihres Arbeitgebers zu entziehen. Wenn möglich, weniger Überstunden, freie Wochenenden, nach Feierabend das Telefon ausschalten und keine dienstlichen E-Mails lesen. Nutzen Sie die Zeit, um sich zu erholen, zum Beispiel mehr zu schlafen, spazieren zu gehen oder ein Buch zu lesen. Mit mehr Energie können Sie die Verbesserung Ihrer Situation angehen.

Das bringt Sie weiter: Versuchen Sie, Ihre Befürchtungen zu konkretisieren. Was könnte wirklich passieren, wie wahrscheinlich ist das, wie könnten Sie mögliche Risiken vorab reduzieren? Das nimmt übergroßen Ängsten ihre Macht und bringt Sie dazu, sich mehr mit praktischen Möglichkeiten zu beschäftigen. Schon kleine Schritte bringen Sie weiter, z. B. sich im Kalender einzuplanen, jeden Monat vier bis sechs Bewerbungen zu versenden oder sich aktiv zu engagieren.

Stufe 2: Aufgestachelt zu Wut

Auf der zweiten Stufe lassen Sie sich zu Wut auf andere aufstacheln und unbewusst so führen. Wer abweichende Ansichten oder bestimmte Menschen rundheraus ablehnt oder sogar verachtet, empfindet das selbst oft als Bestimmtheit (»Klare Haltung!«) und durchsetzungsstark. Aber solch eine Weltsicht ist stark vereinfacht und einseitig und wird den Komplexitäten der Realität damit wenig gerecht. Sie führt regelmäßig zu groben Fehleinschätzungen und unnötigen Konflikten.

Typische Erkennungszeichen:

- Sie fühlen sich gut informiert über die aktuelle Lage und finden es wichtig, in diesen Zeiten eine klare Position zu haben und sie auch offen zu äußern.
- Im Beruf gehen Sie engagiert heran. Sie wollen sich durchsetzen und haben keine Angst vor Konfrontationen, wenn sie für den Erfolg notwendig sein sollten.
- Es regt Sie oft auf, wenn Menschen auf *falschen Meinungen* beharren. Aus Ihrer Sicht kennen viele die Fakten gar nicht, sind unverständig oder prinzipienlos.
- Sie diskutieren gern und leidenschaftlich. Dadurch streiten Sie sich allerdings auch oft (z. B. auf Facebook, Twitter), was Sie viel Zeit und Nerven kostet. Auch manche Freundschaft hat darunter gelitten.

Beispielhafte Lebenssituationen sehen so aus:

- Der Physiotherapeut, der regelmäßig offene Briefe zu politischen Fragen im Internet veröffentlicht, in denen er seine Forderungen auflistet. Gelegentlich sieht er auf Facebook durch, ob einige seiner Kontakte den Seiten von Parteien oder Gruppen folgen, die er ablehnt. »Solche Leute entferne ich als meine Freunde.

Das muss ich mir nicht antun. Ich finde, da muss man konsequent Position beziehen. Da schaffe ich lieber Klarheit und beende den Kontakt ganz.«

- Die alleinerziehende Floristin, die sich gegen Pflichtimpfungen und für mehr Elternrechte einsetzt. Das führt oft zu hitzigen Diskussionen mit denen, die das anders sehen. Ihr ist aufgefallen, dass sich einige Verwandte und Freunde zurückgezogen haben. »Aber das stört mich nicht«, sagt sie. »Gerade da sieht man, auf wen man sich verlassen kann.«
- Der Content-Manager, der noch vor einigen Jahren dafür war, dass Einwanderer großzügig ins Land gelassen wurden, heute aber strikt dagegen ist. Auch bei der Kernkraft haben sich seine Ansichten komplett gedreht. Inzwischen unterstützt er sie. »Damals waren die Umstände eben anders«, meint er. »Ich verfolge verschiedene Blogs und YouTube-Kanäle zu aktuellen Themen mit, um informiert zu bleiben.«

Damit packt Sie der Chef: Ihr *Kampfgeist* ermöglicht es ihm, Sie in seinem Sinne gegen andere aufzubringen, bei Bedarf mit einseitigen oder sogar falschen Informationen.

Effekt auf Sie: stressig.

Wie hilfreich für Sie: wenig bis mittel (z. B. weil Sie zwar erfolgreich sind und aufsteigen, das aber deutlich zulasten Ihrer Gesundheit und Ihrer Beziehungen geht).

Das hilft Ihnen sofort: Suchen Sie sich einen Rahmen, um Ihre kämpferische Energie in konstruktive Aktivitäten zu lenken. Wenn sich Ihr Beruf nicht dafür eignet, engagieren Sie sich für eine Partei, Gewerkschaft, NGO oder Initiative (z. B.

Unterschriften sammeln, an Ständen diskutieren, für ein Amt kandidieren). Damit trainieren Sie gleichzeitig, nicht nur auf Ihrer Ansicht zu beharren, sondern andere für sich einzunehmen und zu überzeugen. Das reduziert unnötige Konflikte.

Das bringt Sie weiter: Versuchen Sie bei aller Leidenschaft immer auch, Ihre Gegner zu verstehen. Menschen kommen selbst bei gleicher Faktenkenntnis zu unterschiedlichen Interpretationen und Schlussfolgerungen, etwa wegen ihrer verschiedenen Lebenswege und persönlichen Überzeugungen. Kompromisse, um ein Ziel zu erreichen, werden mit dieser Einstellung leichter: Sie sind keine Schwäche, sondern zeigen Pragmatismus und Respekt dem anderen gegenüber.

Stufe 3: Gelockt durch Vorteile

Die dritte Stufe liegt vor, wenn Sie sich durch persönliche Vorteile von Ihrem Vorgesetzten in die gewünschte Richtung locken lassen. Etwa für den materiellen Gewinn eines Vertrages, um unangenehme Gespräche zu vermeiden, damit auch für die eigene Bequemlichkeit (»Damit ich meine Ruhe habe, das gehört halt dazu«). Langfristig macht es allerdings unbeteiligt und zynisch, ständig die eigenen Überzeugungen aus pragmatischen Erwägungen heraus beiseitezuschieben.

Typische Erkennungszeichen:

- Am liebsten wollen Sie mit den ganzen Problemen auf der Welt gar nichts groß zu tun haben. Manchmal vermeiden Sie die Nachrichten deshalb absichtlich ganz.
- Im Beruf gehen Sie pragmatisch heran. Sie machen Ihren Job gern und engagiert, haben aber auch ein Leben außerhalb davon, das Sie genießen wollen.

- Es nervt Sie, wenn andere Sie mit ihren Ansichten bedrängen und Sie ständig in Diskussionen ziehen wollen, die mit Ihrem Leben gar nichts zu tun haben.
- Sie träumen sich gern ein bisschen weg (z. B. auf Instagram, mit Reise-Videos). Das verführt Sie allerdings auch oft zu Aktivitäten, die unnötig Geld und Zeit kosten. Das bereuen sie hinterher manchmal.

Beispielhafte Lebenssituationen sehen so aus:

- Der Manager, der sehr gut verdient und sich offen für die Klimaschutzbewegung ausspricht. Gleichzeitig unternimmt er aufwendige Flug- und Schiffsreisen, häufig mehrmals im Jahr, und fliegt beruflich gelegentlich mehrmals wöchentlich. Manchmal zahlt er einen freiwilligen Kohlendioxid-Zuschlag, dann aber den kleinstmöglichen Betrag. »Am Ende müssen das andere lösen, das ist eine politische Frage.«
- Die PR-Assistentin, die beim Fernsehen immer umschaltet, wenn unangenehme Nachrichten oder sozialkritische Reportagen kommen: »Furchtbar, das kann ich mir gar nicht anschauen!« Per Dauerauftrag spendet sie für eine Kinderdorf-Patenschaft. »Irgendwann will ich mich in dem Bereich etwas mehr engagieren.« Aber vorerst ist sie mit der Arbeit und ihrer Partnerschaft schon vollkommen ausgelastet.
- Die Bankangestellte, die sich bis heute damit schwertut, ihren Kollegen zu erzählen, dass sie eine Lebenspartnerin hat. Inzwischen ist sie aber *Beauftragte für Inklusion*. Praktisch steht sie als Ansprechpartnerin für Betroffene bereit, was aber noch nicht genutzt wurde, und hat einen Beitrag für das Intranet verfasst. Die Initiative wurde aber bereits lobend vom Vorstand erwähnt und bekam ein eigenes Budget.

Damit packt Sie der Chef: Ihre *Unentschlossenheit* gibt ihm die Chance, in seinem Sinne für Sie zu entscheiden. Er geht davon aus, dass Sie murren, aber dabeibleiben.

Effekt auf Sie: nervig.

Wie hilfreich für Sie: mittel (z. B. weil Sie interessante Aufgaben haben und recht gut verdienen, dafür aber auch viele Unannehmlichkeiten in Kauf nehmen).

Das hilft Ihnen sofort: Wenn Sie schon ewig über eine Entscheidung (z. B. Stellenwechsel) nachdenken, wägen Sie nicht mehr länger Vor- und Nachteile gegeneinander ab. Das führt fast immer dazu, dass Sie bleiben, wo Sie sind und sich mit Ablenkungen trösten. Legen Sie einige wenige Prioritäten fest und was Sie dafür opfern würden. Beispiel: Einmal einen teuren Urlaub zugunsten einer Weiterbildung oder eines Coachings streichen, um voranzukommen.

Das bringt Sie weiter: Sie haben die Tendenz, sehr mit sich selbst und dem schönen Leben beschäftigt zu sein. Ein gelegentliches, locker vereinbares Engagement (z. B. Patenkind, gelegentliche Nachbarschaftshilfe, Beratung) für andere öffnet Ihren Blick für einen größeren Zusammenhang. Sie behalten Ihren persönlichen Freiraum, lernen aber gleichzeitig, dass Spaß und Freude auch in solchen Aktivitäten liegen und schon kleine Gesten viel bedeuten.

Stufe 4: Berührt durch Bedürftigkeit

Auf der vierte Stufe lassen Sie sich durch die Bedürftigkeit anderer berühren. Das kann zu mitleidender, fürsorglicher Liebe anregen (»Da muss man doch helfen!«) und sehr sinnstiftend und bereichernd sein. Auch der Chef motiviert Sie auf diese Weise. Wer anderen allerdings grundsätzlich die Eigenverantwortung und die Fähigkeit zur Selbsthilfe abspricht, entmündigt sie, wenn auch aus wohlmeinenden Motiven. Langfristig überfordern Sie sich damit.

Typische Erkennungszeichen:

- Wenn Sie in den Nachrichten sehen, wie Menschen woanders leiden, tut Ihnen das weh. Am liebsten würden Sie allen helfen, auch wenn das nicht geht.
- Im Beruf ist Ihnen der soziale Aspekt am wichtigsten. Sie helfen anderen gern und mögen eine nette Atmosphäre. Es darf nicht immer nur um Leistung gehen.
- Sie sind für andere da, auch wenn Sie festgestellt haben, dass das manchmal ausgenutzt und nicht gedankt wird. Aber es fällt Ihnen schwer, Nein zu sagen.
- Es berührt und motiviert Sie, wenn Sie von Hilfsaktionen und positiven Vorbildern erfahren (z. B. aus TV-Reportagen, Biografien). Sie sind also nicht allein.

Beispielhafte Lebenssituationen sehen so aus:

- Die Kauffrau, die regelmäßig auf eigene Kosten nach Osteuropa fährt, um dort während ihrer Ferien gerettete Hunde zu versorgen. Sie hat bereits mehrere mit nach Hause genommen, bekam deshalb Schwierigkeiten mit ihrem Vermieter und Streit mit ihrem Partner, dem auch ihre Ausgaben dafür zu weit gehen. Aber sie meint: »Wenn ich es nicht mache, dann kümmert sich doch keiner um sie!« Allerdings wird es ihr inzwischen manchmal auch schon zu viel.

- Die Pressesprecherin, deren Team nur aus Berufsanfängern und Praktikanten besteht, weil das Unternehmen nicht mehr Budget bereitstellen will. Sie bemüht sich, den jungen Leuten die Grundzüge des Geschäftes beizubringen. Manche sind dankbar dafür. Einige sagten ihr klar, dass sie bereits genug wüssten, »Da fühle ich mich manchmal ganz hilflos.«
- Der Change-Manager, den die Bilder von den Flüchtlingslagern bewegten. Er bot an, einen jungen Syrer in seinem Gästezimmer aufzunehmen. Anfangs kochten und lernten sie zusammen. Bald aber nervte es ihn, dass sein Gast ständig nach Geld für das Handy und Zigaretten fragte, ansonsten seiner Wege ging. Nach fünf Monaten bat er ihn unter einem vorgeschobenen Grund, zurück ins Heim zu ziehen.

Damit packt Sie der Chef: Ihre *Hilfsbereitschaft* erlaubt es ihm, Sie in seinem Sinne einzunehmen. Ein emotionaler Appell an Ihr Mitgefühl, schon sind Sie dabei.

Effekt auf Sie: wärmend.

Wie hilfreich für Sie: mittel bis stark (z. B. weil Sie sich Ihren persönlichen Werten entsprechend einbringen können, Ihre Arbeit damit als sinnstiftend empfinden).

Das hilft Ihnen sofort: Wenn Ihr Beruf eigentlich nicht der beste Ort ist, um Ihr Bedürfnis nach fürsorglicher Unterstützung auszuleben, probieren Sie eine soziale Aktivität in einer örtlichen Gruppe oder eine private Initiative (z. B. Kinder im Krankenhaus besuchen, für Nachbarn einkaufen, bei

Hausarbeit helfen). Das erlaubt Ihnen, in einem klar definierten Rahmen zu helfen und macht Sie weniger anfällig dafür, ausgenutzt zu werden. Vor allem nicht im Job vom Chef.

Das bringt Sie weiter: Üben Sie regelmäßig die wichtigste Hilfestellung, die Sie anderen geben können – sie nämlich Eigenverantwortung und dafür notwendige Kompetenzen lernen zu lassen, natürlich gemäß ihrer Fähigkeiten. Erlauben Sie es also, dass andere sich erst ein wenig selbst mühen oder sogar einmal scheitern, ehe Sie helfend eingreifen. Langfristig machen Sie die anderen damit stärker und klüger und verhindern, dass Sie sich selbst überlasten.

Stufe 5: Angespornt durch Chancen

Die fünfte Stufe liegt vor, wenn Sie sich durch schwierige Probleme und erkannte Chancen dazu angespornt sehen, eine pragmatische Lösung zu erarbeiten. Sie sind bereit, im Sinne der Sache voranzugehen (»Das wird nicht leicht, aber das kriegen wir hin«), motivieren und bewerten die Beiträge der anderen fair. Deswegen werden Sie von Chef und Kollegen respektiert und geschätzt. Ein Risiko Ihres hohen Ehrgeizes liegt darin, sich und andere ständig zu überfordern.

Typische Erkennungszeichen:

- Sie sehen, dass es weltweit Herausforderungen gibt. Aber Sie sind angesichts der positiven Trends und Projekte zuversichtlich, dass sie zu bewältigen sind.
- Im Beruf konzentrieren Sie sich auf Chancen, die noch ungenutzt sind. Sie finden, es schweißt ein Team am stärksten zusammen, gemeinsam erfolgreich zu sein.

- Bei anderen Menschen achten Sie darauf, dass jeder respektvoll behandelt und für seine Leistungen anerkannt wird. Desinteresse und Faulheit regen Sie allerdings auf. Dafür haben Sie kein Verständnis.
- Sie finden es hilfreich, sich über die Hintergründe aktueller Ereignisse zu informieren (z. B. auf Wikipedia, in Erklärvideos). So verstehen Sie sie besser.

Beispielhafte Lebenssituationen sehen so aus:

- Das Ehepaar, das in der Großstadt ein Geschäft für regionale Lebensmittel eröffnet hat. Es sieht das unternehmerische Risiko, dass viele Käufer am Ende doch billigere Supermarkt-Ware bevorzugen, glaubt aber, dass es genug Interessenten für sein Angebot geben wird. »Gleichzeitig ist es für uns ein gutes Gefühl zu wissen, dass wir etwas für die Landwirtschaft im direkten Umland tun. Da haben alle etwas davon.«
- Der Kfz-Schlosser, der in seiner Freizeit jungen Migranten ehrenamtlich zeigt, wie Autos repariert werden. »Vielleicht bleibt einer als mein Lehrling. Das Talent dazu sehe ich bei einigen.« Er ließ sich nicht davon entmutigen, dass ihm einmal etwas aus der Werkstatt gestohlen wurde. »Das Risiko war mir bewusst. Die anderen haben die Sache schnell aufgeklärt und das fehlende Teil wieder zurückgebracht.«
- Die Produktmanagerin eines technischen Unternehmens, die kurzfristig eine Antwort auf das erfolgreiche Angebot eines Konkurrenten finden soll. Ihr Team wurde eilig zusammengestellt, die Kollegen kennen sich bisher nur flüchtig. »Ich hatte nicht mit dieser Chance gerechnet und wir stehen enorm unter Druck. Aber ich freue mich, dass wir jetzt zusammen ausprobieren, wie weit wir gemeinsam kommen.«

Damit packt Sie der Chef: Ihr *Unternehmergeist* macht sein Projekt auch für Sie spannend. Präsentiert er Ihnen ein kniffliges Problem, fühlen Sie sich herausgefordert und sind dabei.

Effekt auf Sie: motivierend.

Wie hilfreich für Sie: stark bis sehr stark (z. B. wegen eines verdienten Aufstiegs, bei dem Sie vom Team gleichzeitig als Führungspersönlichkeit geschätzt werden).

Das hilft Ihnen sofort: Ihnen gefällt es, praktische Probleme zu analysieren, praktische Lösungen zu finden und sie mit anderen umzusetzen. Entscheiden Sie sich für ein Ehrenamt im Bereich von Wirtschaft und Arbeitsmarkt (z. B. Mentor für Berufseinsteiger, Hilfe bei Business- und Finanzplänen für Gründer, Seniorberater nach der Pensionierung). Das schafft Ihnen ein gutes Gegengewicht zum Job, am besten flexibel organisiert und projektbezogen.

Das bringt Sie weiter: Sie werden gelegentlich enttäuscht darüber sein, dass andere nicht so engagiert oder auch fähig wie Sie sind. Beispiel: Kollegen, die erkennbar nur wegen des Geldes arbeiten, keinen Handschlag zu viel machen. Doch auch diese sind wichtig, zum Beispiel für alltägliche Routinearbeiten, die einen »Top-Performer« schnell langweilen würden, aber gleichwohl erledigt werden müssen. Fassen Sie Ihre Vorstellungen hier etwas breiter.

Stufe 6: Engagiert aus Überzeugung

Auf der sechsten Stufe sind Sie aus echter Überzeugung dabei. Sie sehen Ihre eigenen Anliegen und Werte durch Ihren Chef angesprochen und engagieren sich dafür mit anderen. Diese Perspektive kann sehr erfüllend sein, weil Sie sich bedeutsam in einen größeren Zusammenhang (z. B. die Geschicke der Welt) eingebunden fühlen. Eine Gefahr liegt darin, selbstgerecht zu werden und abweichende Ansichten anderer herablassend abzutun (»Die sind noch nicht so weit«).

Typische Erkennungszeichen:

- Sie wünschen sich, dass die Menschen ganzheitlicher denken, z. B. die Folgen ihrer Entscheidungen für andere und die Welt insgesamt stärker berücksichtigen.
- Im Beruf ist Ihnen Harmonie wichtig. Im Team soll sich jeder mit seinen Fähigkeiten, die Sie oft intuitiv spüren, angenommen fühlen und einbringen können.
- Bei anderen Menschen entmutigt es Sie, wenn Sie gedankenlosen Egoismus sehen. Sie finden, man darf nie vergessen, dass wir aufeinander angewiesen sind.
- Es motiviert Sie, mehr über bereits laufende Initiativen zu erfahren (z. B. in Auslandsreportagen, auf NGO-Blogs). Das bestätigt Ihnen, was alles möglich ist.

Beispielhafte Lebenssituationen sehen so aus:

- Die Projektleiterin bei einer Versicherung, die vorher bei einem Sozialverband gearbeitet hat. Sie soll mithelfen, dass zukünftige Investitionen gesellschaftlich förderlich sind. Anfangs war ihr unwohl dabei, in den Finanzbereich zu wechseln. Aber sie sieht darin eine Chance. »Man kann nicht immer nur schimpfen oder von anderen fordern, sondern muss irgendwann zeigen, wie es besser geht.« Sie ist dazu motiviert und auch fachlich ausreichend qualifiziert.

- Der Chefredakteur einer Kundenzeitschrift, der verstärkt Themen zu ethischen Alltagsfragen aufnimmt. »Die meisten Leser sind nicht daran interessiert, von uns belehrt zu werden. Aber sie wünschen sich eine pragmatische Orientierung für die ganz normalen Konflikte zwischen ihren eigenen Interessen – und den Anliegen, die ihnen ebenfalls wichtig sind, die aber gleichzeitig auch etwas kosten.«
- Die Physiotherapeutin, die eine Weiterbildung zur Yoga-Lehrerin absolviert hat und seitdem in Teilzeit unterrichtet. »Für mich ist das eine weitere Art von Hilfe, die körperliche und seelische Bedürfnisse zusammenführt. Mir hat das sehr gutgetan, deshalb will ich das weitergeben.« Für Interessenten, die finanziell knapp sind, bietet sie den Kurs zu einem symbolischen Preis an, damit sie ihn trotzdem nutzen können.

Damit packt Sie der Chef: Ihr *Verbundenheitsgefühl* macht jedes Problem ein bisschen auch zu Ihrem. Spricht er von Mitverantwortung, teilen Sie seine Ansicht und sind dabei.

Effekt auf Sie: verbindend.

Wie hilfreich für Sie: sehr stark (z. B., weil Sie an einer größeren Zukunftsvision mitwirken, Ihre Arbeit damit als wichtigen Beitrag für etwas größeres Ganzes empfinden).

Das hilft Ihnen sofort: Ihnen sind globale oder sogar universelle Themen wichtig. Sie möchten, dass die Welt friedlicher, harmonischer und ganzheitlicher wird. Dazu passt ein Engagement für eine NGO, Kirche oder ein Hilfswerk (z. B. Flüchtlinge unterstützen, Tierrettung vor Ort, Umweltdemo organisieren). Auch in kommerziellen Umfeldern können Sie sich auf diese Weise einbringen, viele Unternehmen haben zudem eigene Stiftungen oder Projekte.

Das bringt Sie weiter: Was Sie sich vorstellen, erfordert einen langen, zähen Prozess. Planen Sie entsprechend mehrjährig, mit aktiven und passiven Phasen. So schützen Sie sich davor, enttäuscht aufzugeben, verbittert zu werden oder in extremere Positionen abzugleiten in der Annahme, dass es mehr Druck bräuchte. Wenn Sie im Nonprofit-Bereich arbeiten: Achten Sie auch auf Ihre Rechte (z. B. angemessenes Gehalt, Mitbestimmung).

Stufe 7: Interessiert an der Erfahrung

Auf der siebten Stufe interessiert Sie die Erfahrung, die Ihnen Ihr Chef als Erlebnis anbietet: etwas über sich und andere lernen, über die Menschen und das Leben an sich (»Das finde ich wirklich spannend«). Es geht Ihnen hier weniger um individuelle oder praktische Aspekte. Diese Perspektive führt zu einer objektiven Analyse der Situation und gut durchdachten Vorschlägen. Sie werden als intelligent und reflektiert wahrgenommen, aber auch als emotional unbeteiligt.

Typische Erkennungszeichen:

- Sie sehen, dass die Menschheit schon immer Krisen ausgesetzt war und sie auf unterschiedlichste Weisen bewältigt hat. Davon können wir auch heute lernen.
- Im Beruf ist Ihnen intellektuelles Durchdringen wichtig. Dabei geht es Ihnen gar nicht so sehr darum, alles praktisch zu verändern. Vieles hat bereits so seinen Sinn, ist Ihre eher akzeptierende Einstellung.

- Sie können sich gut in andere hineinversetzen und beobachten gern, wie andere reagieren. Sie finden es faszinierend, wie verschieden Menschen die Welt sehen.
- Der weite Blick hilft Ihnen, all die aktuellen Ereignisse in ein Gesamtbild einzuordnen (z. B. durch Bücher und Artikel zu Geschichte, Philosophie und Religion).

Beispielhafte Lebenssituationen sehen so aus:

- Der Leiter eines Sportstudios, der sich für Buddhismus interessiert. »Angefangen hat das mit ein wenig Meditation, weil ich wegen des geschäftlichen Stresses zeitweise mit Panikattacken zu kämpfen hatte. Inzwischen habe ich mich ein bisschen näher mit den Ideen und Lehren dahinter beschäftigt und bin fasziniert. Für mich als Protestant ist das ein anregender Blick auf eine ganz andere Glaubensvorstellung.«
- Die Abteilungsleiterin bei einer Sozialbehörde, die jährlich bei ihren Streetworkern mitläuft, wo sie einmal angefangen hat. Sie möchte immer daran erinnert werden, worum es bei den Statistiken und Akten in ihrem Bereich wirklich geht, aber sich auch das Gefühl zurückholen, warum sie damals in diesen Bereich gegangen ist. »Ich lerne jedes Mal noch etwas und gehe mit dem größten Respekt für meine Kollegen.«
- Der Maschinenbauer, der schon dreimal auf dem Jakobsweg gewandert ist. »Das erste Mal nur, weil ein Freund mich gefragt hatte, ob ich ihn nicht begleiten wollte. Ich dachte, dass es schon für meine Fitness nicht schaden könnte, mitzulaufen.« Später las er auch mehr über den Apostel Jakobus, nach dem der Pilgerweg benannt ist, und die Geschichte dahinter. »Ich finde, da spürt man schon eine besondere Energie.« Einmal hat er auch schon seine Frau angeregt, ihn zu begleiten.

Damit packt Sie der Chef: Wenn überhaupt nur damit, Ihnen eine gleichberechtigte *Partnerschaft* anzubieten. Eigentlich entscheiden Sie allein nach Ihren Prioritäten.

Effekt auf Sie: anregend.

Wie hilfreich für Sie: maximal (weil Ihnen auch die Stufen 1 bis 6 zugänglich sind, Sie sich bei Interesse also auch in diesen Feldern betätigen und einfühlen können).

Das hilft Ihnen sofort: Bedenken Sie, dass reines Reflektieren zwar interessant ist, aber für sich allein noch nichts bewegt und damit praktisch weder Ihnen noch anderen weiterhilft. Versuchen Sie daher, immer auch konkrete Pläne und umsetzbare Schritte aus Ihren Erwägungen abzuleiten. Das eröffnet Ihnen zugleich die Gelegenheit, sich in unterschiedlichen Rollen auszuprobieren und zu erleben, beispielsweise als Planer, Organisator oder Motivator.

Das bringt Sie weiter: Die meisten Menschen machen sich die Gedanken, die Sie beschäftigen, gar nicht, sondern halten sie vielleicht sogar für weltfremd, überflüssig oder unverständlich. Gleichzeitig wird es einige geben, die sich mit Ähnlichem auseinandersetzen. Überlegen Sie, diese seltenen Begegnungen gezielter geschehen zu lassen, sei es ehrenamtlich oder sogar hauptberuflich (z. B. als ethischer Berater, spiritueller Mentor, geistlicher Begleiter). Das wird Sie sehr bereichern.

Motivation entscheidet

Das waren die sieben Arten, wie Sie auf Ihren Vorgesetzten – und andere, die etwas von Ihnen wollen – ansprechen. Sie unterscheiden sich also weniger darin, was Sie konkret tun, als darin, was Sie dazu motiviert hat. Ob gezwungen, gedrängt oder aus eigener, freier Entscheidung. Grundsätzlich gilt: Je höher die Stufe, desto eigenständiger, authentischer und zufriedener arbeiten Sie. Normal ist es aber, immer wieder einmal zu wechseln. Nach Verfassung, aber auch Lebensphase.

Die **Stufen 1 und 2** gehören zur negativen Beeinflussung und rauben Ihnen Kraft. Gegen diese sollten Sie sich wehren, um selbstbestimmter und nachhaltiger arbeiten zu können.

Die **Stufen 3 und 4** sind Mischformen, je nach Situation kraftraubend oder -spendend. Diese sind vorübergehend akzeptabel, sollten aber in Umfang und Dauer begrenzt werden.

Die **Stufen 5 bis 7** gehören zur positiven Beeinflussung und geben Ihnen aufsteigend Kraft. Diese sollten Sie wahrnehmen, um sinnerfüllt und authentisch zu arbeiten.

Unter welchem Einfluss sehen Sie sich derzeit vor allem?

1	2	3	4	5	6	7

Wo wollen Sie in drei Monaten im Normalfall sein?

1	2	3	4	5	6	7

Wichtig: Auf welche Form der Beeinflussung Sie besonders ansprechen, ist nicht feststehend, nicht unveränderlich angeboren oder anerzogen. Sie können sich gezielt zu einer anderen Einstellung hin verändern und damit anderen weniger Macht über sich geben. In den folgenden Kapiteln finden Sie mögliche praktische Anregungen dafür.

Vorgesetzte sind auch nur Menschen

Nichts korrigiert das Bild von Vorgesetzten effektiver, als sie einmal privat zu erleben, am besten mit Familie oder beim Hobby. Wenn die Ehefrau danebensteht, wird der gefürchtete Wadenbeißer aus der siebten Etage möglicherweise zum anschmiegsamen Kuschelhäschen, das brav ihre Handtasche trägt. Umgekehrt entpuppt sich der trockene Knochen aus dem Controlling als kerniger Naturbursche, wenn man ihn zufällig beim Wanderausflug trifft, und die angespannte Dame aus der Buchhaltung muntert als *Frau Clown* ehrenamtlich die Kinder im örtlichen Krankenhaus auf. Der Geschäftsführer, den Sie immer für einen knallharten Kerl hielten, gesteht in einer stillen Minute, dass er eigentlich Gärtner werden wollte, aber erst von den Eltern, dann von Frau und Kind zur Karriere gedrängt wurde. Plötzlich verstehen Sie: Er hasst nicht etwa Sie, sondern sein Leben! Wer nur über andere klagt, hat ihnen bisher nicht aufmerksam genug zugehört.

AUCH DER VORGESETZTE HAT SEINE GRÜNDE

Verständlich, dass man manchmal auf den Chef wütend ist. Aber dieser ist oft auch nur ein Getriebener der Umstände. Warum es wichtig ist, dass Sie sich auf Ihren eigenen Weg konzentrieren und nicht darauf warten, dass andere sich ändern.

Es ist erstaunlich, dass sich überhaupt noch eine Frau benachteiligt fühlt, seit man in den Chefetagen nur noch auf »Feministen« trifft, die durch das dankenswerte Selbstbekenntnis des kanadischen Premierministers Justin Trudeau ermutigt wurden. Gut, nur die wenigsten, die sich für mehr Kolleginnen in ihren Reihen einsetzen, gehen so weit, dass sie einer Frau zuliebe auf ihre eigene Position verzichten würden. Aber das ist nicht viel anders als bei »Frauen-Netzwerken«, die eine 50-Prozent-Quote fordern, außer bei sich selbst. Oder überhaupt für Branchen, Betriebe oder Stellen, die nicht attraktiv sind oder mehr als 50 Prozent Frauenanteil haben.

Der CEO, der weniger Dienstreisen und mehr Zoom-Konferenzen anordnet, muss zu seinen Terminen selbstverständlich weiter in die USA und nach Asien. Ursula von der Leyen war für den klimagerechten Umbau der europäischen Wirtschaft schließlich auch gezwungen, die 47 Kilometer von Wien nach Bratislava im Privatjet zurückzulegen und schon mal 13 Länder in drei Wochen zu bereisen. Da muss sich kein Klimaaktivist für seinen Vielfliegerstatus in jungen Jahren schämen, weil er erst privat die Welt erleben wollte und anschließend keine Expertentagung zwischen Bali, Paris und New York auslassen kann. Wir müssen alle Opfer bringen, nur eben die anderen zuerst. Motto: Wer sowieso nie viel hatte, verzichtet leichter, weil er es gar nicht anders kennt.

Wenn Sie sich – und darum geht es in den folgenden Kapiteln – von den neuen Zumutungen der Arbeitswelt befreien wollen, müssen Sie stark sein. Sie werden auf eine Scheinheiligkeit treffen, die einem nur Bewunderung abringen kann, aber auch die blanke Angst sehen. Denn im Grunde ist Ihr Chef ein Getriebener, der es allen recht machen und nirgendwo anecken will. Leider kriegen Sie als Mitarbeiter beides ab. Aber wenn wir das einmal diskutiert haben, sehen Sie klar: Auf ihn hoffen brauchen Sie nicht, ihn aber auch nicht fürchten. Ihm geht es eigentlich genau wie Ihnen. Er zeigt es nur nicht so und wird ehrlicherweise finanziell besser entschädigt. Seien Sie daher nett, aber nicht zu sehr.

Sparmaßnahmen betreffen auch die Chefs

Wenn unangenehme Nachrichten zu verkünden sind, bekommt der direkte Vorgesetzte oft die erste negative Reaktion von seinen Mitarbeitern ab. Vergessen Sie nicht: Auch er ist nicht glücklich, wenn er die nächste Sparmaßnahme mit Begriffen wie »optimieren« oder »effizienter machen« beschönigen muss, wenn man sich wieder einmal angeblich auf »Kernkompetenzen konzentriert« und »neu aufstellt«. Wenn Mitarbeiter oder Budgets gestrichen werden, trifft ihn das auch. Möglicherweise hat er dagegen gekämpft, muss aber vor dem Team nun vorgeben, das zu unterstützen.

Getrieben von Markt und Medien

In welch überdrehtem Umfeld sich Führungskräfte heute bewegen, zeigt das Beispiel der Schweizer Supermarktkette Migros. Sie beauftragte drei Künstlerinnen – extra ein lokales Frauenkollektiv ausgewählt –, freche neue Motive für ihre Papier-Einkaufstüten zu zeichnen. Die Werke zeigten nackte Frauen, die mit Katzen herumtobten. Ganz falsch! Social Media urteilte, das wäre »sexistisch«. Das Unternehmen ließ daraufhin 120 000 bereits gedruckte Tüten schreddern, entschuldigte sich öffentlich – und fing sich damit gleich die nächste Protestwelle ein. Nun wegen Feigheit!

Tatsächlich sind Führungskräfte inzwischen Ansprüchen ausgesetzt, die in der Summe unerfüllbar sind. Vom Markt (Konsumenten, Händler, Zulieferer), von den klassischen und sozialen Medien, der weiteren Öffentlichkeit (z. B. Politik, NGOs, einzelne Aktivisten). Jeder will etwas anderes, nichts davon passt noch zusammen. Jedem Anspruch steht direkt eine genau entgegengesetzte Forderung einer anderen Gruppe entgegen. Kein Wunder, dass alles festfährt.

Ein Privateigentümer kann nach betriebswirtschaftlichen Kriterien in eigener Verantwortung entscheiden. Das wagt sich eine angestellte Führungskraft, selbst ein Vorstand, nicht mehr. So teilen die heutigen Chefs das Schicksal der Politiker: für alles verantwortlich erklärt, aber unmöglich in der Lage, alle zufriedenzustellen. Pech haben vor allem die Mitarbeiter, an die das Dilemma weitergereicht wird. Als Gehaltsempfänger müssen sie am meisten schlucken.

Mit dem Schmerzensgeld am Monatsende machen Sie es allerdings noch klüger als diejenigen, die sich unbezahlt mit anderen auf Twitter herumzanken oder lange Blogbeiträge verfassen, die keiner liest. Sie können sich wenigstens eine gelegentliche Entschädigung für den Ärger gönnen!

Widersprüchliche Mitarbeiterwünsche

Gleichzeitig gibt es in den Belegschaften manche, die sich genau das wünschen, was Sie vielleicht als Zumutung empfinden: mehr Engagement der Führungskräfte, in der Summe aber auch in alle Richtungen gleichzeitig. Wenn einer vegane Kantinen-Tage für alle fordert, weil es nicht geht, einfach nur selbst vegan zu bestellen, mault die Currywurst-Fraktion. Lobt sich das Unternehmen dafür, Hunde im Büro zu erlauben, niesen sofort die Allergiker und fühlen sich ausgegrenzt.

Schon die Raumtemperatur kann zu größten zwischenmenschlichen Verwerfungen führen. »Diese Hitze, ich halt's nicht mehr aus«, sagt der eine. Fenster auf. »Auf Zugluft reagiere ich empfindlich«, der nächste. Fenster zu. Der dritte: »Hört ihr, wie die Heizung klopft? Ich spüre schon wieder meine Migräne!« Und da soll man sich noch über die großen Fragen der Welt einigen? Völlig utopisch!

Ein Vorgesetzter kann sich praktisch immer nur an den lautesten Trend hängen und hoffen, dass sich nach einiger Zeit alle wieder abgeregt oder das nächste Thema gefunden haben. Manche sind inzwischen überzeugt davon, dass es am besten wäre, wenn sich Unternehmen gar nicht mehr damit aufhalten würden, Produkte und Dienstleistungen herzustellen. Das behindert nur dabei, die Welt besser zu machen. Pech leider, dass Eigentümer und Vorstand mehr erwarten.

Persönliche Überzeugungen

Dabei kann das Leben mit gut bezahlten Führungspositionen für beide Elternteile und Kitaplatz in S-Bahn-Nähe schon schwierig genug sein. Es ist beispielsweise ein Skandal, dass die eigene Hausarbeit und Kindererziehung noch immer nicht vom Staat bezahlt werden, das heißt, von anderen Steuerzahlern. Und dann kommt noch der übergeordnete Chef und stellt sich vor, dass man ein paar anspruchsvolle Projekte nebenbei abwickelt! Als ob man nichts zu tun hätte.

Es ist für alle kniffelig geworden, seit Oma keine Bereitschaft mehr zeigt, als flexibel abrufbare Nanny ohne Gehaltsanspruch einzuspringen. »Du hast doch auch deine Freude daran! Warum ziehst du nicht ganz in unser Gästezimmer?« Im Grunde ist es gar nicht mehr hinnehmbar, dass sich betagte Eltern heutzutage ihren störrischen Egoismen hingeben und ihre Kinder, kaum Mitte 30, den Unbillen des Spätkapitalismus überlassen. Aber das ist ein anderes Thema.

Der Chef hat natürlich auch seine persönlichen Überzeugungen, würde gern dies und jenes bewegen und gelöst sehen. Er war ja auch mal normal. Aber die großen Veränderungen werden sowieso auf höchster Ebene beschlossen, da hat er kein Mitspracherecht. Im besten Fall ist es zufällig das, was er auch gut findet. Dann kann er das zumindest als seinen »Purpose« ausgeben: nicht nur arbeiten, um zu leben, sondern leben, um für einen höheren Zweck mehr zu arbeiten.

Eigene Erfahrungen weitergeben

Nehmen Sie daher Rücksicht auf inzwischen weltfremde Chefs. Ein Freund wollte eine Gehaltserhöhung aushandeln, übersprang dafür seinen unwilligen direkten Vorgesetzten und ging eine Etage höher. Das Gespräch lief gut, der gewünschte Betrag schien überlegenswert. Bis dem Freund irgendwann anhand einer Bemerkung auffiel, dass sein Gegenüber im Glauben war, die Summe sei die beantragte monatliche Erhöhung. Es war aber, bescheiden, der Jahresbetrag. Wer Großverdiener ist, kann nicht mehr klein denken!

Aber ehrlicherweise ist das die Ausnahme. Die »Verjüngung« der Chefpositionen hat sogar dazu geführt, dass mancher Vorgesetzte heute weniger verdient als seine älteren Mitarbeiter, die mit langjährigen Verträgen einfach immer geblieben sind. In den unteren und mittleren Ebenen ist Chefsein harte Arbeit, die nicht unbedingt gedankt und angemessen honoriert wird. Dort treffen dazu all die hochfliegenden »Change-Projekte« auf die Realität, da knirscht es ständig.

Trotzdem wollen sich Chefs engagieren, um eigene Erfahrungen weiterzugeben und anzuregen, dass andere aus ihnen lernen. Mehr als beispielsweise der ehrgeizigen jungen Kollegin einfach das Buch »Lean in« von Facebook-Milliardärin Sheryl Sandberg in die Hand zu drücken, sie ins »High Potential«-Programm zu empfehlen und dann zuzuschauen, wie sie sich mit Ende 20 ins Burnout arbeitet. Sondern dabei mitzuhelfen, es für alle ein wenig leichter zu machen.

Alles umkämpft

Wie schwierig die Suche nach dem besten Weg ist, lässt sich fortlaufend den Tagesmedien entnehmen. Inzwischen ist praktisch jeder gemeinschaftliche Aspekt (Kultur, Geschichte, Politik etc.) umkämpft. Allerorts werden Neubewertungen und Umbenennungen, Veränderungen oder gleich komplette Systemumstürze gefordert. Das strahlt natürlich auch in die Unternehmen hinein, die zu einem Kampfplatz all dieser unterschiedlichen Interessen geworden sind. Für mich als Coach steht die Perspektive des Einzelnen im Mittelpunkt: Was ist ihm persönlich wichtig, was will er erreichen? Die aktuelle Situation bildet dafür den Hintergrund.

»Aber man kann doch nicht alles auf die individuelle Ebene verschieben«, meinte dazu eine Klientin einmal zu mir. Wir hatten über die häufigen Schwierigkeiten gesprochen, die sich ergeben, wenn beide Elternteile beruflich stark eingespannt sind, Kinder haben und eine Kita zu teuer, schwer zu erreichen oder nicht lange genug geöffnet ist. Sie sagte: »Man muss doch auch an die Strukturen gehen.« Ihre Bemerkung berührt eine ganz grundsätzliche Frage. Aus meiner Sicht ist die beste Antwort: Das eine tun und das andere nicht lassen. Denn beides ist notwendig und sinnvoll. Das bedeutet, sich immer auf zwei Ebenen zu bewegen:

- Die *individuelle Situation durch praktische Lösungen* angehen, die kurzfristig das eigene Leben erleichtern und verbessern. Hier hilft Coaching.
- Die *allgemeine Situation durch strukturelle Lösungen* angehen, die langfristig etwas für eine größere Gruppe verändern. Hier hilft Aktivismus.

Was ist nun aber wichtiger? Das hängt vom konkreten Problem, von der Lebensphase, vom politischen Standpunkt und von der soziokulturellen Prägung ab. Ein Deutscher wünscht tendenziell viel Staat, das heißt: einheitliche, zentrale Lösungen von oben durch Gesetze, Verordnungen und finanzielle Umverteilung. Der Schweizer Nachbar lebt dagegen ein fast gegensätzliches gesellschaftliches Modell, das Verantwortung weitaus stärker nach unten an den Einzelnen und an die Kommune delegiert. Ein Amerikaner geht noch weiter in diese Richtung. Sie werden, da Sie sich auch schon mit gesellschaftlichen Themen auseinandergesetzt haben, eine erkennbare Vorliebe für die eine oder andere Richtung gespürt haben und ihr weiter nachgehen wollen.

Unterschiedliche Ansichten

Die Klienten in meiner Praxis, zwischen Anfang 20 und Ende 50, haben zu all den Themen die unterschiedlichsten Ansichten. Das gesamte politische und weltanschauliche Spektrum ist vertreten, und bei einigen habe ich festgestellt, dass sie heute schon wieder anders denken als noch vor wenigen Jahren. Selbstverständlich habe ich auch eine eigene Meinung, aber sie spielt im Klientengespräch keine Rolle. Es ist ausdrücklich Teil einer Coaching-Ausbildung, klar trennen zu können. Beim Coaching geht es nur um den Klienten.

Das Erstaunliche ist, dass mir die meisten Chefs von den gleichen Problemen wie ihre Mitarbeiter berichten. Von zu hohen Erwartungen ihrer Vorgesetzten (z. B. Vorstand), rückläufigen Einkommen und kürzeren Vertragslaufzeiten, zu wenig Zeit für Partner, Kinder, Freunde und alles andere. Die finanziellen Mittel zur Problemlösung und für manche Annehmlichkeit sind natürlich höher. Aber erstaunlicherweise doch nicht entscheidend fürs Lebensglück, wie schon viele Studien gezeigt haben. Allerdings glaubt man das erst, wenn man es selbst ausprobieren konnte. Bis dahin darf man noch abwinken: »Na, der hat ja auch gut reden!«

Wenig Spielraum

Wenn wir ehrlich sind, haben die meisten so lange etwas an Chefs zu kritisieren, bis sie selbst einmal einer sind. Ab dann fallen mehrere Dinge auf. Es gibt immer noch einen Vorgesetzten über einem, und wenn es der Eigentümer oder Anteilseigner ist. Als Chef hat man viel weniger zu sagen, als die Mitarbeiter glauben, und muss manches umsetzen und verteidigen, was man selbst nie so entschieden hätte. Es gibt unbestreitbare Vorteile, aber so richtig reißen sich die meisten heutzutage gar nicht mehr darum, eine Führungsposition zu haben. Wer will sich denn von jedem für alles verantwortlich machen lassen – mit gleichzeitig so wenig Spielraum?

Die wenigsten Chefs sind also von der Macht und dem Geld korrumpiert worden, sondern ihr Blick hat sich relativiert. Sie haben auch andere Aufgaben als vorher. Für Sie bedeutet das vor allem, dass es wenig empfehlenswert ist, sich ewig am Chef abzuarbeiten. Sie brauchen ihn auch nicht zu bedauern. Er ist so frei oder unfrei wie Sie. Wenn Sie meinen, dass Sie es besser könnten, bewerben Sie sich nach oben oder werden Sie Ihr eigener Chef, also selbstständig. Probieren Sie ansonsten verstärkt aus, ob es Spielraum in der Zusammenarbeit gibt. Stellen lassen sich gestalten. Denn immer gilt: Denken Sie an sich, sonst macht es eventuell kein anderer.

Eine kleine Übung: Zuhören, wie der Chef wirklich denkt

Es hilft Ihnen, Ihren Vorgesetzten besser zu verstehen, um sich nicht unnötig an ihm abzuarbeiten. Diese Übung kann Ihnen dabei helfen. Beobachten Sie bei den nächsten Gelegenheiten, wie Ihr Chef seine Rolle wirklich sieht und was seine scheinbar nebensächlichen Bemerkungen und Gesten Ihnen verraten. Eindeutig wird es nicht bei motivierenden Ansprachen (»Wir sitzen doch alle in einem Boot«) oder in großen Runden, sondern in ruhigen Momenten und bei persönlichen Gesprächen. Möglicherweise fällt Ihnen dabei auf, dass er in vielem gar nicht so anders denkt als Sie.

WARUM SICH ERWACHSENE WIE KINDER BEHANDELN LASSEN

Wenige Optionen durch unverschuldete Notlagen, Folge eigener Entscheidungen oder die Hoffnung auf eine Rettung durch andere: Es gibt viele Gründe, warum Berufstätige es lange mit Chefs aushalten, die eigentlich unerträglich sind.

Wieso lassen sich manche Berufstätige von ihren Vorgesetzten behandeln, als wären sie eigentlich nicht deren Mitarbeiter, sondern Kinder, denen man alles vorschreiben darf und die Welt erklären muss, weil sie noch nicht so richtig selbst denken und entscheiden können? Diese Frage stellt sich nach den bisherigen Ausführungen, und die Antwort darauf reicht tiefer als der Standard: »Ich bin nicht mehr jung, aber ich brauche das Geld noch.« Zwar ist fast jeder auf sein Einkommen angewiesen. Aber selbst die Multimilliardäre wollen sich darüber hinaus produktiv einbringen. Ich kann das bestätigen, denn ich hatte einmal eine Arbeitskollegin, deren Familie zu den reichsten in Deutschland gehört. Sie hatte im Team eine ganz reguläre Position, wohl um sie später auf die Nachfolge im elterlichen Unternehmen vorzubereiten. Ein Kollege hielt ihr bei einer Gelegenheit vor, dass sie doch praktisch jemand Bedürftigem den Job wegnehmen würde. Worauf sie wütend fauchte: »Auch wir Reiche haben ein Recht auf Arbeit!«

Es steckt also mehr dahinter, wenn sich jemand jahrelang bis zur Erschöpfung ausnutzen, bei Beförderungen zugunsten von Quoten-Bevorzugungen übergehen, zu Esoterik-Praktiken oder Gender-Sprache drängen lässt, wenn er das erklärtermaßen überhaupt nicht will. Zumal die Bezahlung oft nicht einmal berauschend ist, die Sicherheit bestenfalls relativ. Speziell im Coaching-Kontext reden wir hier zudem meist nicht von existenziellen Notlagen, also nicht von der Situation mancher Angestellten in einfachen Service- und Hilfsberufen, erst einmal alles hinnehmen zu müssen, sondern von mittleren bis gehobenen Bürotätigkeiten.

Selten kurzfristig

Innerhalb von sechs bis neun Monaten ist ein Wechsel oft kaum möglich, vor allem bei speziellen Berufsbildern oder Führungskräften, für die es entsprechend weniger Stellenangebote gibt und deren Bewerbungsverfahren langwieriger sind. Bei vielen Klienten kommen erschwerende persönliche Umstände hinzu. Beispielsweise eine aktuelle eigene Erkrankung, die Verantwortung für ein Kind, eventuell bei geteiltem Sorgerecht, oder für einen pflegebedürftigen Elternteil. Solch eine Lage kann bereits so viel Kraft kosten, dass man im Job dann eben erst einmal durchhält (siehe: Stufe 1 im Kapitel »Typologie: Womit packt Sie der Chef?«).

Dafür habe ich das größte Verständnis. Ich bin selbst mit einer meist alleinerziehenden und auf sich gestellten Mutter aufgewachsen, deren zweites Kind – meine Schwester – an chronischem Rheumatismus erkrankte. Zeitweise stellte das meine Mutter wegen all der notwendigen Krankenhaustermine vor die Wahl, entweder Sozialhilfe zu beziehen oder eine schlecht bezahlte Heimarbeit anzunehmen, um zeitlich flexibel zu sein. Sie entschied sich für Letzteres und fertigte daheim Deko-Kopfkissen in Akkordarbeit.

Solche zeitweisen Krisen sind nicht ungewöhnlich, viele Klienten haben mir aus ihren Lebensgeschichten Ähnliches erzählt. Man muss diese nicht selten einige Zeit, so gut es geht, ertragen, hoffentlich trotzdem noch etwas Lebensfreude und Spaß finden – und wenn man sich nur über ein schönes Lied im Radio freut – und dann langsam aktiv werden, sich also die Selbstbestimmung in kleinen Schritten wieder zurückholen. Wie in dem Schlager von Juliane Werding: »Vielleicht irgendwann, vielleicht irgendwo, fängt alles neu an… Wer sagt, dass ein Traum nicht wahr werden kann.«

Der weitaus häufigere Fall, nach meiner Wahrnehmung in mehr als 80 Prozent der Fälle, sieht aber anders aus: Die Falle ist selbst gestellt. Sei es wegen individueller Entscheidungen oder der unrealistischen Hoffnung, dass sich das Problem von selbst lösen werde oder andere das für einen erledigen. Gerade in Deutschland besteht (anders als in der Schweiz) die weit verbreitete Annahme, dass der Staat durch immer weitere Gesetze und Umverteilungen doch dazu in der Lage sein müsste. Das erfüllt sich regelmäßig nicht, bleibt aber populär.

Eine Krise als Chance akzeptieren

Das Leben ist voller Veränderungen, die man sich nicht gewünscht oder ausgesucht hat, etwa eine Trennung, Erkrankung oder Arbeitslosigkeit. Man kann solch eine Krise vor sich und anderen verleugnen, darüber wütend sein, sich darüber streiten und traurig werden. Am Ende setzt sich die neue Realität immer durch. Sobald Sie sie akzeptieren, verliert sie ihren Schrecken und wird Ihre Chance. Manches Pech stellt sich dann auf einmal als Glück heraus. Doch dieser Prozess braucht manchmal lang, haben Sie also Geduld mit sich.

In den Konsequenzen eigener Entscheidungen gefangen

Ein langjähriger Freund wurde zeitweise mehrmals täglich von einer ehemaligen Kollegin angerufen. Sie klagte ihm bei jedem dieser Telefongespräche ausführlich ihre Probleme mit ihrem Arbeitgeber. Sie verdiente gut, hatte interessante Aufgaben in einer schönen Stadt, wurde aber wegen einer tiefen Meinungsverschiedenheit von ihren Vorgesetzten sehr schäbig behandelt (die objektiv falsch lagen, wie sich Jahre später herausstellte). Die unangenehme Stelle aufgeben wollte sie jedoch auch nicht. »Ist das, unter uns, nicht eine Wohlstandsneurose«, fragte mich mein Freund eines Tages. »Eigentlich sollte sie doch froh sein, die gute Arbeit zu haben.«

Was als *Problem* wahrgenommen wird, unterscheidet sich individuell allerdings auf verblüffende Weise. Für den einen ist alles »unmöglich«, für den anderen die gleiche Schwierigkeit »kaum der Rede wert«. Bei dem Themengebiet, das wir hier diskutieren: Was ist jemand bereit hinzunehmen und selbst zu leisten, um sich von einem übergriffigen, unverschämten Vorgesetzten zu befreien? Meine Erfahrung aus der Coaching-Praxis ist: manchmal leider nur sehr wenig. Daher ziehen sich diese unangenehmen Situationen oft jahrelang hin. Das ist keinesfalls als Kritik gemeint, sondern als Einordnung. Wer etwas zulässt, muss damit leider leben.

Starrer Lebensentwurf

»Ich kann wegen meiner Kinder nicht umziehen. Hier finde ich aber keine andere Stelle«, sagte mir ein Klient, der unglücklich bei seinem aktuellen Arbeitgeber war. »Ich habe mich schon so oft beworben.« Er arbeitete tatsächlich in einer Branche, die für seinen Wohnort untypisch war. In einer anderen Stadt wären seine Chancen weit höher. Wie alt waren seine drei Kinder, die noch bei ihm lebten? Zwischen 17 und 21 Jahren, also durchaus WG-fähig. Doch er scheute sich vor den Konsequenzen einer echten Veränderung, etwa der Auflösung der bisher gemeinsamen Wohnung, und blieb.

Ein zu starrer Lebensentwurf ist der häufigste Grund dafür, dass sich eine erhoffte Verbesserung ewig verzögert. »Weniger Gehalt geht nicht«, »Unsere schöne Wohnung können wir doch nicht aufgeben«, »Meine Frau möchte nicht umziehen«, »Mir gefällt es hier am besten«. Auch schon gehört: »Ich will meine Achtjährige nicht aus ihrer Ballettklasse nehmen.«

Der Ausweg: Werden Sie mit zunehmendem Alter mutiger und entschlossener, nicht wie viele andere ängstlicher und unentschiedener. Ihre verbleibenden Jahre werden immer wertvoller, da naturgemäß weniger. Sie können Risiken besser einschätzen und bewältigen als in jungen Jahren, stehen möglicherweise auch finanziell besser da. Vermeiden Sie also die mentale Altersfalle, sich durch Anspruchsdenken, Lebensstil und Kredite (Immobilien) selbst einzusperren.

Vermiedene Entscheidungen

Eine Klientin verdiente seit inzwischen sieben Jahren das Einkommen für die Familie allein, für ihren Ehemann und zwei Kinder eingeschlossen. »Er wollte sich als Maler selbstständig machen, verkauft aber bisher kaum ein Bild.« Die alleinige Verantwortung führte dazu, dass sie keinen beruflichen Wechsel riskieren wollte, obwohl sie unter ihrem Chef litt. Sie scheute auch das Gespräch mit ihrem Mann, um eine Frist zu setzen, gar eine Trennung anzudrohen.

Nichts kostet Sie auf Dauer mehr als vermiedene Entscheidungen, die erkennbar überfällig sind. Die Gründe sind verständlich, meist Angst vor der Konfrontation (z. B. Streit) und unangenehmen Konsequenzen (z. B. eine Trennung angehen zu müssen). So überwiegt lange die Hoffnung, dass sich das Problem eventuell doch von selbst löst. Das kann tatsächlich manchmal passieren, aber auch, dass Sie weitere Jahre verlieren und dann wieder am selben Punkt stehen.

Der Ausweg: Setzen Sie sich feste Fristen, wie lange Sie eine heikle Situation aushalten wollen und was dann jeweils passieren soll. Werden Sie aktiv, begrenzen Sie Ihren Schaden. Wenn Sie Verpflichtungen übernommen haben, stillschweigend oder ausdrücklich: Das heißt nicht, dass Sie sie ewig fortsetzen müssten. Sie können Ihre Meinung immer ändern, nach kurzer wie langer Zeit (»Das wird mir zu viel, so geht es nicht weiter«). Sie dürfen falsche Entscheidungen korrigieren.

Preis ewiger Provisorien

Bei einer Veranstaltung lernte ich ein Paar kennen, das seit drei Jahren werktags getrennt lebte. Beide hatten sehr anstrengende Führungspositionen – und zwar in unterschiedlichen Städten, 700 Kilometer voneinander entfernt. Das Pendeln war nach der ersten Beförderung »für den Übergang« gedacht. Nun hatten sie jedoch zwei Kleinkinder. Aber keiner wollte seine Position aufgeben, ehe er etwas Vergleichbares am geplanten gemeinsamen Wohnort gefunden hatte.

Provisorien sind bekanntermaßen die langlebigsten Arrangements. »Ich mach das erstmal und schaue, wie sich das entwickelt«, so beginnen regelmäßig mehrjährige Notlösungen, die so nie beabsichtigt waren. Kurzfristig sind sie oft sinnvoll und pragmatisch. Auf Dauer fast immer erschöpfend und teuer. Sie verhindern, dass Sie sich weiterbewegen.

Der Ausweg: Rechnen Sie einmal die echten Kosten für das Provisorium durch (z. B. doppelte Miete, Reisen, verlorene Zeit). Bedenken Sie auch, was Sie alles *nicht* machen können, weil Sie sich an dieser Situation festhalten, welche Chancen Ihnen also dadurch entgehen, die Opportunitätskosten. Das macht es Ihnen leichter, bei einer möglichen Lösung entschlussbereiter und mutiger als bisher zu sein, nicht mehr ewig auf eine perfekte Variante zu warten, die vielleicht nie eintritt.

Rat- und Hilflosigkeit

Nicht verschwiegen werden soll, dass es selbstverständlich auch Menschen gibt, die nicht wissen, was praktisch zu tun wäre – oder es sich nicht trauen. Das hat manchmal etwas mit dem sozialen Status, mit den materiellen Möglichkeiten und dem Bildungsniveau zu tun. Oft ist es aber eher Mangel an Erfahrung, fehlende Routine oder Angst, gewisse Dinge zu äußern oder persönlich erstmals zu tun. All das lässt sich mit praktischem Rat und beratender Hilfe häufig gemeinsam leicht ändern. Dabei geht es vor allem um die Kenntnis der arbeitsrechtlichen Situation, die Methoden einer Stellensuche und Bewerbung. Aber auch, überhaupt zu erkennen, was um einen herum passiert (dieses Buch ist dabei hoffentlich bereits eine erste Hilfe). Ich bespreche derartige Themen sowohl mit sehr jungen Klienten wie mit erfahrenen Profis, die sich nur beispielsweise seit vielen Jahren nicht mehr aktiv beworben haben. Wenn Sie sich im Detail etwas verloren oder unsicher fühlen, muss Ihnen das also nicht peinlich sein.

Der Ausweg: Suchen Sie sich fachliche Unterstützung nach Ihrem Bedarf. Sie finden eine Vielzahl von Organisationen, Initiativen und Einzelpersonen, oft sogar ehrenamtlich oder gegen eine geringe Gebühr. Wenn eine Internetsuche Sie nicht weiterbringt, erkundigen Sie sich bei Ihrer Stadt- oder Gemeindeverwaltung. Ansonsten gibt es spezialisierte Berater, Coaches und Trainer für jeden Bedarf, vom Businessplan bis hin zu mehr Selbstbewusstsein bei Präsentationen.

Verständliche Hoffnung auf den großen Befreiungsschlag

Erstaunlich große Hoffnungen setzen viele Menschen auf den einen Befreiungsschlag, der alles ändern und eine individuelle Aktivität weitgehend unnötig machen soll. Ich hatte dazu gerade mit politisch interessierten Klientinnen häufig interessante Gespräche. Grundsatzfrage hier: Wie berechtigt ist die Annahme, dass noch weitere Gesetze und finanzielle Umverteilungen zeitnah das eigene Problem lösen und es z. B. erlauben, den aktuell ungeliebten Job zu kündigen?

Wer beispielsweise nach einer Trennung mit einem Kind allein ist und gleichzeitig praktisch in Vollzeit arbeiten muss, ist verständlicherweise wütend. Auf den ehemaligen Partner, auf sich selbst wegen der gescheiterten Beziehung (oder die damalige Wahl des Partners). Auf die Kommune wegen der fehlenden Kita-Plätze, gleichzeitig auf den Staat wegen der hohen Steuerabzüge, auf andere wegen ihres empfundenen Egoismus. Am Ende fährt man, so meine Wahrnehmung, praktisch trotzdem besser, wenn man nicht zu sehr auf andere hofft und sich nicht zu lange mit Wut, Enttäuschung oder Verbitterung aufhält. Sondern schrittweise Probleme löst, so gut es geht.

Große Erhebungen

Durch die ganze Menschheitsgeschichte ziehen sich auch Hoffnungen auf umfassende Erhebungen, sei es im politischen (z. B. Bürgerbewegungen, Systemwechsel, Revolutionen) oder auch im spirituellen Bereich (z. B. eine »Transformation des globalen Bewusstseins«). Auch hier ist es eine Sache der persönlichen Überzeugungen und Wahrscheinlichkeiten, ob man darin eine realistische Lösung für die eigenen Probleme sehen möchte, sich das Warten darauf empfiehlt.

Wie erkennbar ist, plädiere ich für eine zweigleisige Strategie: eigene Anstrengungen als wichtigste Aktivität, aber auch die Unterstützung größerer, langfristiger Veränderungen, beispielsweise mehr Kita-Plätze, wo sie nicht ausreichend sind. Das sind allerdings zähe Prozesse mit vielen Zielkonflikten und Widerständen, daher gibt es kaum schnelle Lösungen. Das gilt auch für weitere vielfach ersehnte Befreiungsschläge, etwa Lottogewinne oder Erbschaften.

Ein Klient tat sich in jungen Jahren schwer damit, den Einstieg ins Berufsleben zu finden. Er sprach lange davon, dass er doch einmal »etwas erben« würde und sich deswegen nicht groß bemühen müsse. Dabei waren seine Eltern im besten Alter und bei guter Gesundheit. Wöchentlich kaufte er Lottoscheine, gewann aber nie. So war es für ihn der persönliche Durchbruch, endlich anzunehmen: »Ich muss wohl selbst etwas tun.« Er gab das Herumjobben und die vagen Hoffnungen auf eine Rettung durch andere auf. Stattdessen nahm er an einer Umschulung teil, weil er krankheitsbedingt nicht mehr in seinem erlernten Beruf arbeiten konnte, und eröffnete sich damit einen neuen Weg, der auch materiell vorteilhaft war.

Als Coach würde ich jemandem die Hoffnungen auf schnelle Befreiungsschläge nicht ausreden, aber auf die geringe Wahrscheinlichkeit verweisen. Ja, all das kann passieren – aber sollte man wirklich allein darauf bauen? Meine Empfehlung in diesem Fall wäre, doch auch einige bescheidene eigene Aktivitäten einzuleiten. Falls Sie dann trotzdem im Lotto gewinnen oder reich heiraten, haben Sie doppelt vorgesorgt, stehen aber nicht – wie im umgekehrten Fall – ohne etwas da.

Von Helden lernen

Angeblich träumen viele Angestellte davon, ihrem Chef endlich einmal richtig die Meinung zu sagen, um danach mit großer Geste zu kündigen und abzutreten. »Ich habe fertig«, wie es Giovanni Trapattoni uns einst eindrucksvoll demonstriert hat. Wenn Sie sich selbst ständig sagen hören, dass Ihnen »alles zu viel wird«, dann ist es Zeit zu handeln. In den folgenden Kapiteln finden Sie einige praktische Empfehlungen dazu, um sich von Ihrem Chef zu befreien.

Denken Sie dabei ruhig manchmal an die Helden Ihrer Kindheit zurück, die Sie einst begeistert haben. Vielleicht entdecken Sie deren Abenteuerlust und Mut wieder in sich. Unser Pflegesohn hat mich gezwungen, mit ihm »Meine Freundin Conni« anzuschauen. Er mag die Hörbücher und holt sie sich ständig aus der Bibliothek. Ich weiß nun sicher, dass ich Conni – weinerlich, langweilig, nicht clever – hasse. Dann noch der belehrende Ton: »Lasst uns grillen, aber nur Tofu-Würstchen! Und schau mal, die vielen Windräder überall. So bekommen wir grüne Energie! Auch die muslimische Mama in unserer Klasse ist sehr glücklich darüber. Und jetzt lasst uns total ausgelassen tanzen, aber ohne Anfassen – auch die Erwachsenen!« Pippi Langstrumpf hätte die alle fertiggemacht. Daher hatte die auch schon früh eine kunterbunte Villa, einen Koffer voller Goldmünzen und ein Pferd!

Ein bisschen hat sich die individuelle Entwicklung unbestreitbar verzögert. Während die eigenen Eltern vielleicht mit Anfang 20 schon die ersten Kinder gezeugt und das Häuschen angezahlt hatten, kämpft man sich eine Generation später mit Anfang 40 eventuell noch immer durch tendenziell perspektivlose Tinder-Dates und kann vom schmucken Eigenheim mit Garten nur noch träumen, zumindest, wenn es in der Nähe der Arbeitsstelle liegen soll. In dem Alter, in dem man heute endlich seinen ersten unbefristeten Arbeitsvertrag erhält, waren die Eltern manchmal schon wieder geschieden und anderweitig neu verheiratet. All das erlaubt dem Chef aber trotzdem nicht, einen wie ein Kind zu behandeln.

In der neuen Arbeitswelt kann es ja zudem durchaus vorkommen, dass der Vorgesetzte gleichaltrig oder sogar jünger als man selbst ist. Da gerät man als Mitarbeiter manchmal in spannende Doppelrollen: Sich erst vom jugendlichen Chef die Anweisungen geben lassen, ihn dann als Mentor beraten, wie es besser ginge, und anschließend trösten, wenn er geknickt vom nächsten Meeting zurückkommt. „Gemeinsam schaffen wir das", ist dann wirklich gelebter Teamgeist.

Eine kleine Übung: Was Sie in Ihrem Leben nicht mehr tolerieren wollen

Sie entziehen sich der Macht anderer, aber auch der Versuchung von Rettungsfantasien, wenn Sie selbst aktiver werden. Diese Übung hilft dabei. Schreiben Sie eine Liste von all den Dingen, die Sie in Ihrem Leben tolerieren, obwohl sie Ihnen nicht gefallen. Alltägliche Beispiele sind: Unzufriedenheit in der Arbeit oder mit der Beziehung, Schulden, die Sie längst hätten abzahlen können, Übergewicht, ungepflegtes Aussehen, Unordnung (z. B. unsortierte Unterlagen, vertrocknete Zimmerpflanzen, schmutziges Auto), beschädigte, unreparierte Gegenstände oder Kleidungsstücke. Sortieren Sie anschließend: Was könnten Sie gleich, was innerhalb einiger Wochen bis Monate lösen – und was ist ein langfristiges Projekt? Gehen Sie zwei bis drei Dinge an. Am besten das zuerst, das einen schnellen Erfolg verspricht. Das motiviert, bald mehr zu wagen.

NICHT JEDES PROBLEM GEHT SIE ETWAS AN

Eigentlich will man sich gar nicht zu allem positionieren und mit jedem Problem der Welt beschäftigten, soll es nun aber ständig. So finden Sie ein gesundes Maß an Offenheit und Anteilnahme, grenzen sich aber gleichzeitig stärker ab.

In weniger achtsamen und nachhaltigen Zeiten konnte man noch an die Eigenverantwortung des Einzelnen appellieren. So etwas sagen wie: Wenn sich jeder um sich kümmern würde, dann wäre allen geholfen. Heute haben alle Unternehmen dankenswerterweise Abteilungen eingerichtet, die sich der Dinge annehmen, die sie eigentlich gar nichts angehen. Auf vielen Hochhausetagen, besser noch in *Coworking-Spaces* werden seitdem *Vielfalt, Inklusion* und *kulturelle Transformation* gemanagt. Was konkret bedeutet: sorgsam in PowerPoints, Pläne, Broschüren und Nachhaltigkeitsberichte überführt, wo das alles am wenigsten Schaden anrichtet.

Dieser aufregende Aufbruch geschieht parallel zu den lobenswerten Anstrengungen der Kollegen vom *Qualitätsmanagement*, von der *Standardisierung*, von der *Nachhaltigkeit*, der *Digitalisierung* und der *Innovation*. Die Zahl der Projekte explodiert derart, dass parallel schon bald wieder die nächste *Lean- und Agilitäts-Initiative* fällig ist. Die Welt verbessert sich nicht von allein, da zählt jede Anstrengung im Konzern.

Manche meinen, dass diese Abteilungen in gesättigten Volkswirtschaften zwingend immer weiter wachsen müssen – weil immer mehr Leute etwas studieren, das unmöglich zu einer geregelten Berufstätigkeit führen kann. Aus Gründen des sozialen Friedens müssen sie dennoch mit Einkommen und Aufgabe versorgt werden. Sonst landen sie noch in der 99-Prozent-Bewegung, die alle Immobilien- und Kapitalbesitzer enteignen will, potenziell zuerst die eigenen Eltern.

Was soll jemand, der *Gender Empathy*, Vertiefungsrichtung *Rural Economies*, studiert hat, im normalen Leben denn machen – Verkäufer bei H&M? Wo setzt man das aufwendig erworbene Zertifikat für *Sustainability Ethics* oder als *Culture Crafter* ein – als Uber-Fahrer? Jedenfalls nicht in den Abteilungen mit echter Produkt-, Produktions- oder Umsatzrelevanz. Deswegen findet man auch leichter zehn *Digital Natives* als einen Anlagenbauer, Elektriker oder Schlosser.

Jeder weiß natürlich, was die Ingenieure, Produktionsmitarbeiter und Verkäufer über all das denken: »Wir haben inzwischen viele Hühner im Stall, die zwar ständig gackern, aber noch nie ein Ei gelegt haben.« Diese Berufsgruppen haben dagegen die berechtigte Hoffnung, wegen unternehmerischer Systemrelevanz vom *Change* weitgehend verschont zu bleiben. Zumindest, so lange Asien nicht weiter aufgeholt hat.

Der CEO ist in dieser Sache zwiegespalten. Auf der Hauptversammlung muss er sich für die harten Unternehmenszahlen rechtfertigen. Aber ein paar idealistische Projekte mit höherem Anspruch halten nicht nur die Presse und Aktivisten hin, sondern erlauben im Notfall auch raffinierte Ablenkungsmanöver. So wie bei jenem Schweizer Medienunternehmen, dessen Gewinn 2020 um 26 Prozent eingebrochen war, der Umsatz war ebenfalls rückläufig. Nun aber die gute Nachricht: Der *Sichtbarkeitsindex für Frauen* ist um mehr als zehn Prozent gestiegen! So viel häufiger seien Frauen erwähnt worden. Man könnte naiv fragen: Wenn es sich dabei wirklich um einen drängenden Bedarf handelt, der gelöst wurde – sollte sich das nicht auch positiv in der Bilanz widerspiegeln? Aber so kalt denkt nur der Neoliberalismus.

Nicht wenige Manager haben inzwischen mehr *Thesen für die Zukunft der Gesellschaft* als erfolgreiche Geschäftskonzepte geschrieben. Notfalls muss eine eigene Fantasie-Währung den Erfolg belegen. US-Start-ups haben hier mit selbst erfundenen Nonsens-Kennziffern bereits kreativ vorgelegt. Etwa das »Community-bereinigte EBITDA« von WeWork, mit dem sich ein dreistelliger Millionenverlust in einen riesigen Gewinn umrechnen lässt. Immerhin sind Coworking-Spaces ja auch gut für die Gesellschaft. Zirkelschluss geglückt!

Falls Sie persönlich der Ansicht sind, dass Sie nicht jedes Problem auf der Welt etwas angeht, gleichzeitig aber grundsätzlich offen und mitfühlend sein wollen, gilt es, eine delikate Balance zu finden: Anteil zu nehmen, sich aber nicht zu allem zu positionieren, sondern weitgehend abzugrenzen. In diesem Kapitel finden Sie praktische Empfehlungen dafür.

Auswählen, wo Sie sich beteiligen möchten

Der wichtigste Schritt für mehr Abgrenzung hier ist, zukünftig gezielt selbst auswählen, an welchen Diskussionen Sie sich beteiligen, zu welchen Themen Sie etwas wissen, welche Meinungen Sie hören wollen. Je mehr Sie insgesamt ausfiltern, desto entspannter leben Sie. Da fällt die gelegentliche aufgedrängte Meinung vom Chef schon weniger ins Gewicht, sondern kann eher toleriert werden. Das ist kein Plädoyer für die berüchtigte *Filterblase* (nur noch die eigene Meinung bestätigt bekommen). Sondern dafür, generell weniger Meinungen zu hören. Halbgares gibt's auch in jeder Eckkneipe.

Medien selbstbestimmt nutzen

Viele verführerisch aufregende Meinungen erreichen Sie über klassische oder soziale Medien, häufig ungefragt über automatisierte Empfehlungen (z. B. App-Benachrichtigungen, Push-Meldungen, Newsletter). Selbst wenn Sie nur den *Betreff* lesen oder die ersten Zeilen des Textes kurz überfliegen, beschäftigen Sie sich gedanklich bereits damit. Suchen Sie Medien daher besser bei Interesse gezielt selbst auf. Lassen Sie nicht mehr zu, dass sie »zu Ihnen kommen«.

So schützen Sie sich: Löschen Sie Nachrichten- und Social-Media-Apps am besten gleich ganz vom Handy. Bei Bedarf können Sie diese Seiten immer auch über den mobilen Internetbrowser aufrufen. Aber das ist unbequemer, deshalb werden Sie es weniger häufig tun. Deaktivieren Sie alle Benachrichtigungen, automatisch vorgeschlagene Artikel (z. B. News-Feed des Handys, auf der Google-Startseite, Desktop-Meldungen). Melden Sie sich von Newslettern ab.

So geht es besser: Gehen Sie selbst auf ausgewählte Nachrichtenseiten, wenn Sie sich informieren oder unterhalten lassen wollen. Vermeiden Sie zielloses Herumstöbern, zu dem Sie all die Hinweise (»Lesen Sie auch …«, »Mehr dazu …«) verführen wollen. Häufig sind lokale und regionale Medien für Ihren Alltag am relevantesten, spezialisierte Fach- oder Wirtschaftsmedien am hilfreichsten für den Beruf. Setzen Sie sich ein Zeitlimit dafür, z. B. dreißig Minuten täglich.

Sinnvolle Diskussionen suchen

Unter redaktionellen Artikeln und Social-Media-Beiträgen finden sich ebenfalls unzählige Meinungen, die Sie aufwühlen und ablenken. Zum behandelten Thema, dem konkreten Beitrag, den Ansichten der anderen – fast immer kritisch.

Mancher kommt schon gar nicht mehr dazu, sich mit dem eigenen Partner oder den Kindern zu streiten, weil er damit ausgelastet ist, Unbekannte im Internet zurechtzuweisen. Nachts geht's ewig nicht ins Bett, weil immer noch jemand eine »falsche Meinung« hat, die unbedingt erst korrigiert werden muss. Da hat der eigene Schlaf eben einmal zurückzustehen. Eventuell kennt man voneinander nur die Benutzerkürzel, erinnert sich aber an alle Aussagen und Irrtümer der vergangenen Jahre. »Haben Sie eigentlich inzwischen die versprochene Solaranlage auf Ihrem Dach installiert«, erkundigte sich ein Leser meiner Lokalzeitung kürzlich hämisch bei einem anderen. »Sie glauben doch so an die Energiewende!« Nach unzähligen wechselseitigen Kommentaren beschimpft man sich gern gegenseitig, baut zusammen Frust ab und neuen auf.

So schützen Sie sich: Widerstehen Sie bei Online-Debatten dem ersten Impuls, sofort auch etwas zu schreiben. Können Sie etwas Konstruktives (z. B. zusätzliche Information, Empfehlung) oder Positives (z. B. Anerkennung) beitragen? Wenn nicht, warten Sie ein Stündchen oder besser bis zum nächsten Tag. Kommentieren Sie dann, wenn es Sie immer noch drängt. Besser aber: Überlegen Sie, warum Sie dieses Thema aufwühlt und was Ihnen das über sich verrät.

So geht es besser: Wenn Sie glauben, dass Sie zu einem Thema etwas Substanzielles beitragen können, suchen Sie sich einen besseren Rahmen dafür. Schreiben Sie einen Beitrag für eine Publikation oder einen Blog, bearbeiten Sie einen Wikipedia-Artikel aus dem Gebiet oder halten Sie einen Vortrag in Ihrer Stadt (z. B. im Kulturhaus, Volkshochschule). Wenn Sie diskutieren wollen, lieber persönlich bei einem Getränk oder während einer passenden Veranstaltung, etwa als Gast oder sogar Teilnehmer einer Diskussionsrunde.

Persönlich diskutiert es sich besser
In den Kommentarspalten der klassischen und sozialen Medien eskalieren Diskussionen schnell. Vieles lässt sich nicht nuanciert genug ausdrücken. Wenn Sie mit jemandem über heikle weltanschauliche Themen sprechen wollen, dann besser persönlich, z. B. bei einem Kaffee oder Drink oder während eines Spaziergangs. Sie werden erstaunt feststellen, dass man sich auch mit einem *politischen Gegner*, also jemandem mit einer konträren Ansicht, oft sehr gut unterhalten kann. Hier entdeckt man eine Gemeinsamkeit, dort eine interessante neue Facette. Und nicht selten versteht man sich ausgesprochen gut und kann sich respektieren.

Aufgedrängte Gespräche stoppen

An der meistbesuchten Einkaufsstraße unserer Stadt stehen täglich wechselnde Stände der unterschiedlichsten Gruppen. Meist vertreten sie eher randseitige Ansichten – »Marxistische Taliban für Veganismus«, »Alleinstehende Scientologinnen gegen Atomstrom« –, teilen Flyer aus und versuchen mit allen Mitteln, Passanten in Gespräche zu verwickeln. Bald geht es logischerweise auch hier um die Kontaktdaten, Spenden, Mitarbeit. So, wie das bei Missionaren aller Richtungen läuft.

So schützen Sie sich: Wenn Sie bestimmte Gespräche nicht wünschen, sei es in der Fußgängerzone oder in der Betriebskantine, müssen Sie klar sein. Keinesfalls lange erklären, warum Sie nicht interessiert sind, auf vorgebrachte Argumente eingehen, aus Höflichkeit trotzdem den Flyer nehmen und sich in den Verteiler eintragen. Bei Fremden kann man stumm vorbeigehen. Ansonsten freundlich: »Hallo – und schönen Tag noch für Sie«. Keinesfalls geduldig zuhören, damit wirken Sie wie jemand, der noch überzeugt werden will.

So geht es besser: Wenn Sie Missionare im Kollegen-, Freundes- oder Bekanntenkreis haben, können Sie bei den ersten Runden noch diplomatisch sein. Ungefragt per Chat zugeschickte Artikel und Links kommentarlos löschen, nicht einmal öffnen. Wenn Sie plötzlich in Newsletter-Listen stehen, tragen Sie sich wieder aus. Im Wiederholungsfall aber werden Sie deutlich: »Bitte lass das, ich bin nicht interessiert.« Hört es trotzdem nicht auf, kündigen Sie einmal das Blockieren an – und machen es dann auch.

Andere zu kommunikativem Anstand erziehen

Die folgenden Methoden lassen sich auch bei Chefs und Kollegen anwenden. Vor allem, wenn diese eher aus privatem Missionierungs- und Bekenntnisdrang denn im offiziellen Firmenauftrag aktiv sind. Beispiel: Der homosexuelle Kollege über 50 etwa, der sein Coming-out noch immer nicht ganz verarbeitet hat und deshalb bei jedem Thema dorthin umschwenkt. »Ein Projekt in Griechenland, das wir finanzieren? Ach, da fällt mir Alexandros ein, Mykonos 1989 …«

Desinteresse klar ausdrücken

Grundsätzlich können Sie andere Menschen nicht verändern, ihnen aber durch eine klare Rückmeldung zumindest die Gelegenheit geben, dazuzulernen. Wenn jemand Sie also ständig ungebeten mit einem Thema bedrängt, das ihm wichtig und Ihnen egal ist, müssen Sie es einmal klar sagen. Stilles Zuhören wird als aufkeimendes Interesse missverstanden, das weiter angeregt werden muss, Ihr erkennbares Leiden eventuell als sensibles Mitleiden fehlgedeutet! Höflichkeit soll sein, darf aber nicht zu Lasten der Verständlichkeit gehen.

So wehren Sie sich: freundliche, aber klare Ansage! »Vielen Dank, das interessiert mich nicht«, »Damit möchte ich mich nicht beschäftigen«, »Das betrifft mich nicht, das soll auch so bleiben«. Falls man weiter auf Sie eindringt: »Damit ist alles gesagt«, »Auf Wiedersehen«. Sie müssen nicht ausführen, erklären oder rechtfertigen, dass Sie kein weiteres Gespräch zu diesem Thema wünschen. Es ist schließlich Ihre Zeit.
So geht es besser: Wenn Sie Verständnis zeigen wollen oder echt interessiert sind, nehmen Sie sich ein Stündchen (z. B. gemeinsames Mittagessen) und lassen Sie die betreffende Person reden. Stellen Sie hier und da eine Frage, vielleicht lernen Sie wirklich etwas Neues über sie oder ihr Anliegen. Wenn alles einmal ausgesprochen ist, lassen es manche wirklich darauf beruhen. Wenn nicht: »Hast du noch andere Themen? Sonst sollten wir es lassen, das langweilt mich.«

Mutiger als bisher Nein sagen

Auf Facebook werden regelmäßig Fotos historischer Widerstandskämpfer geteilt, von Claus Schenk Graf von Stauffenberg über die Geschwister Scholl bis zu Gandhi. Oft von Leuten, die meinen, damals auch »aufgestanden« zu sein, sich heute aber kaum trauen, einmal dem Teamleiter zu widersprechen. Lassen Sie sich von großen Vorbildern dazu inspirieren, auch mutiger für das einzustehen, was Ihnen wichtig ist. Ihr eigenes Risiko ist vergleichsweise minimal.

So wehren Sie sich: Sprechen Sie klar aus, wenn Sie etwas nicht möchten oder nicht unterstützen. Das wird Ihren Chef möglicherweise verblüffen. Die meisten Mitarbeiter sind nun einmal eher feige und sagen nichts zu ihm, obwohl ihm klar ist, dass viele dagegen sind. Es darf ruhig offiziell klingen: »Ich möchte es einmal aussprechen, dass ich diese Sache nicht unterstütze. Ich weiß, dass Sie da wahrscheinlich auch keine Wahl haben. Aber Sie sollten es wissen.«

So geht es besser: Wenn Sie konsequent sein wollen, können Sie eine Stellungnahme wie oben in schriftlicher Form Ihrem Vorgesetzten und in Kopie an dessen Chef und das HR senden, als Hausmitteilung für die Akten. Freundlich und kurz, aber bestimmt. Häufig kommt es vor, dass man solche Mitarbeiter dann einfach aus gewissen Maßnahmen nimmt und sie ansonsten ihre Arbeit machen lässt. Das isoliert Sie, sorgt aber zumindest zeitweise für Ruhe und Abstand.

Rechtliche Mittel prüfen

Ein interessanter Aspekt ist, dass sich viele der hier diskutierten Vorstöße durchaus in einer rechtlichen Grauzone bewegen. Darf der Arbeitgeber Sie überhaupt derart verpflichten, wenn gewisse Grundrechte (z. B. Meinungs- und Gewissensfreiheit) möglicherweise klar dagegen stehen? Es kann sich also durchaus lohnen, Ihre Angelegenheit juristisch prüfen zu lassen. Dann wissen Sie sicher, welche rechtlichen Möglichkeiten Sie haben und wo die Grenzen sind.

So wehren Sie sich: Investieren Sie das Geld in eine anwaltliche Beratung, am besten vor einem Gespräch mit dem Betriebs- oder Personalrat. Anhand Ihres Arbeitsvertrages und eventueller Tarifvereinbarungen lässt sich konkret beurteilen, wozu Sie verpflichtet sind, was nur freiwillig sein kann und was eventuell gar nicht erlaubt ist. Damit vermeiden Sie, dass Sie aus einer emotionalen Reaktion heraus etwas entgegnen, das sachlich falsch oder ungenau ist.

So geht es besser: Halten Sie auch hier nach einem Gespräch mit Ihrem Vorgesetzten kurz schriftlich fest, was für Sie nicht mehr infrage kommt. Beispiel: die Teilnahme an bestimmten internen Kursen, weil Sie deren Inhalte weltanschaulich ablehnen. Machen Sie Ihre Arbeit ansonsten korrekt weiter, bleiben Sie verbindlich und freundlich. Arbeiten Sie aber gleichzeitig an Alternativen (z. B. durch mehr Kontaktpflege und Bewerbungen) – zu Ihrer Sicherheit, als Plan B.

Ein Vorbild werden, wie es besser geht

Der vielleicht wichtigste Schritt ist jedoch, für andere ein Vorbild darin zu werden, welchen Kommunikations- und Umgangsstil Sie sich vorstellen. Gerade wenn Sie sich angeblich »gegen die Gruppe« gewendet haben, man Sie deswegen eventuell sogar absondert (z. B. in ein separates Büro setzt, zu Konferenzen nicht mehr einlädt). Das ist unangenehm, auch beängstigend, aber gleichzeitig die Chance, charakterlich zu wachsen, indem Sie Stärke, Geduld und Würde zeigen.

Energie produktiv umleiten

Wer erst einmal *gegen* etwas ist, kann bald die gleiche Besessenheit wie jemand entwickeln, der *dafür* ist. Achten Sie darauf, nicht selbst zum Fanatiker zu werden! Lassen Sie das strittige Thema nicht zum alles Beherrschenden in Ihrem Leben werden, auch wenn es Sie stark beschäftigt. Bleiben Sie an vielen Dingen interessiert, leben Sie abwechslungsreich und offen. Behalten Sie dafür auch den interessierten, entspannten Kontakt zu ganz unterschiedlichen Menschen.

So wehren Sie sich: Leiten Sie Ihre Energie – Frust, Wut und Aufregung – in produktive Aufgaben um. Das Buchregal aussortieren, eine Bewerbung schreiben, die Wäsche bügeln, zum Sport gehen? Alles sinnvoll. Können Sie jemandem in der Familie, im Freundeskreis oder in der Nachbarschaft helfen? Tun Sie es. Konzentrieren Sie sich also auf Aktivitäten, die Positives bewirken. Das lenkt Sie ab, reduziert die Anspannung und nützt praktisch.

So geht es besser: Nutzen Sie die Gelegenheit, mit einem konkreten Projekt ein neues Kapitel für sich aufzuschlagen. Dann arbeiten Sie bereits an Ihrer eigenen Zukunftsvision, beispielsweise einer Erweiterung des Gartens, einer Weiterbildung oder dem Start einer nebenberuflichen Selbstständigkeit. Das benötigt so viel Aufmerksamkeit und Zeit, dass Sie sich gar nicht mehr so viel mit anderem aufhalten können. All die Meinungen um sie herum werden zur Nebensache.

Positive Rückmeldungen

Sie sollen selbstverständlich nicht alles mit sich ausmachen und nach außen schweigen. Wenn Ihnen bestimmte Dinge missfallen, lassen Sie das die entsprechenden Stellen (z. B. Unternehmen, Organisationen oder Behörden) wissen. Vor allem als Kunde, Mitglied oder Bürger. Werden Sie aber nicht zum ewigen Nörgler, dessen Nachrichten bald ungelesen gelöscht werden. Geben Sie kurze, möglichst positive Rückmeldungen. Das kann ein Umdenken fördern und einen Wechsel anregen, wenn die Zeit dafür reif ist. Sie müssen das nicht allein vorantreiben, nur einen Beitrag dazu leisten. Vertrauen Sie darauf, dass Sie Unterstützer haben, auch wenn Sie sie nicht persönlich kennen.

So wehren Sie sich: Schreiben Sie eine kurze, möglichst sachliche Nachricht, was Ihnen nicht gefällt. Beispiel: Sie wollen nicht, dass Ihre Lokalzeitung »gendert«. Erwarten Sie nicht mehr als einen freundlichen Formbrief zur Antwort. Aber Ihr Hinweis ist angekommen. Viel mehr können Sie auf diesem

Wege nicht erreichen, schreiben Sie nicht mehr als ein- bis zweimal. Wenn Sie eskalieren wollen: die Kundenbeziehung bzw. Mitgliedschaft beenden, wo möglich.

So geht's besser: Schreiben Sie, wenn etwas *in Ihrem Sinne* ist. Lob wirkt immer stärker als Kritik. Das können Sie gern auch häufiger tun. Unterstützen Sie Projekte, die Ihnen positiv erscheinen, durch Nutzung, Kauf, Abo und Empfehlung an andere. Langfristig richten sich Unternehmen und Organisationen nach wirtschaftlichem Erfolg aus. Ihre Entscheidungen als Konsument bzw. Mitglied sind deshalb ein wichtiges Mittel, um Ihre Präferenzen zu untermauern.

Wenn engagieren, dann richtig

Neben der individuellen Aktivität ist die gemeinschaftliche Initiative der notwendige Weg, um sich für ein gewünschtes Ziel zu engagieren. Möglicherweise sind Sie bereits in einer Organisation (z. B. Partei, Gewerkschaft, Kirche, Verband, Verein). Falls es inhaltlich passt, können Sie Ihren persönlichen Konflikt hier konstruktiv einbringen und grundlegende Veränderungen unterstützen. Beispielsweise Gesetzesinitiativen oder die Umleitung finanzieller Mittel.

So wehren Sie sich: Es kommt manchmal vor, dass man als Mitglied einer Organisation mit bestimmten Positionen oder Ansichten dort nicht einverstanden ist. Das sollte aber nicht zum Dauerzustand werden und dazu führen, dass Sie sich ewig darüber ärgern, aber doch bleiben und weiterzahlen. Sprechen Sie Ihre Differenzen an und scheuen Sie sich nicht, auch zeitnah mit einem Wechsel zu einer nun passenderen Gruppe zu reagieren. Auch, wenn Sie lange dabei waren.

So geht's besser: Wenn Ihnen ein Anliegen wichtig ist, verlieren Sie keine Zeit mehr mit wirkungslosen Online-Petitionen etc. Engagieren Sie sich aktiv in einer passenden Organisation oder Initiative. Besuchen Sie vor einem spontanen Beitritt besser erst einige Veranstaltungen, um Mitglieder und den allgemeinen Stil kennenzulernen. Entscheiden Sie erst danach, wie weit Sie sich wirklich beteiligen und ob Sie ein offizielles Mitglied werden wollen. Gehen Sie ruhig und langfristig orientiert heran, Sie brauchen einen langen Atem.

Selbst entscheiden

Entscheiden Sie bewusst, mit welchen Meinungen und Diskussionen Sie sich beschäftigen wollen – und in welchem Ausmaß. Sie sind völlig frei darin, sich aus der Mehrzahl der Debatten herauszuhalten. Sie müssen nicht pauschal über alles »informiert sein«, jeden Aufreger »mitverfolgen«. Setzen Sie einige wenige Prioritäten, die für Ihr eigenes Leben bedeutsam sind, und streichen Sie alles andere. Eventuell später notwendige Informationen können Sie bei Bedarf (z. B. vor einer Wahl) immer noch einholen. Dafür müssen Sie nicht täglich alle Details und Wendungen kennen.

Eine kleine Übung: Bringen Sie wieder mehr Privatsphäre in Ihr Haus

Ein Großteil unerwünschter Themen, Ansichten und Diskussionen lässt sich bereits fernhalten, wenn Sie auf mehr Privatsphäre achten. Nehmen Sie sich dazu einmal 15 Minuten und gehen Sie durch Ihre komplette Wohnung: Auf welchem Wege dringen bisher Meinungen auf Sie ein, die Sie eigentlich gar nicht mehr im Haus haben wollen? Beispiele: bestimmte abonnierte Medien, installierte Apps, programmierte Sender, zugeschickte Prospekte und Newsletter. Gehen Sie (in Absprache mit eventuellen Familienangehörigen oder Mitbewohnern) durch, von was Sie sich trennen wollen. Leiten Sie die entsprechenden Schritte ein, z. B. Kündigungen oder Deinstallierungen. Sie werden sehen, dass dadurch Ihr Leben viel ruhiger wird.

STEHT EIGENTLICH WELTRETTER IN MEINEM VERTRAG?

Niemand darf ganz über mich bestimmen. Mein Urteil zählt so viel wie das der anderen. Kein Job ist es wert, sich ganz aufzugeben. Neun Überzeugungen helfen Ihnen dabei, sich Selbstbestimmung und Entscheidungsmacht zurückzuholen.

Niemand von uns hat all die Verträge, Allgemeinen Geschäftsbedingungen und Zusatzvereinbarungen gelesen, die er im Verlauf seines Lebens unterschrieben hat. Wissen Sie, was in den 36 Seiten steht, die Sie bestätigt haben, um Microsoft-Produkte wie Outlook oder Teams verwenden zu können? Die Rechtsvereinbarung zur Nutzung des iPhones umfasst 528 Seiten, kein Scherz, weitere 107 Seiten allein für die Musik-Funktion. Wussten Sie, dass Sie sich auf Seite 43 links unten verpflichtet haben, jedes Helene-Fischer-Album einmal durchzuhören? Bei der Krankenversicherung steht in Anhang 14 B, dass Sie ewig schlank bleiben wollen. Was Legionen von Fachanwälten verfasst haben, kann nicht falsch sein!

Auch in modernen Arbeitsverhältnissen fragt sich heute mancher, wann er all das zugesagt haben soll, was der Chef nun einfordert. Stand im Vertrag wirklich irgendwo, dass man sich als Weltretter verpflichtet – bereit, nach präziser Auswahl und Vorgabe des Vorstandes im Job gesellschaftliche Missstände anzugehen? Wurde tatsächlich vereinbart, dass man eigenes Geld und Freizeit beigeben würde, damit das Management regelmäßig eine karitative Hilfsaktion durchziehen kann, die praktischerweise auch der Firmen-PR und hoffentlich den Umsätzen hilft? War man wirklich dafür, sich das Denken und Sprechen vorschreiben zu lassen?

Das ist sicher nicht der Fall. Aber wie jeder raffinierte Verhandler versucht ein Arbeitgeber, nachträglich mehr zum eigenen Vorteil rauszuholen. Neun Überzeugungen können Ihnen dabei helfen, sich dem entgegenzustellen. Sie sind typisch für Menschen, die sich auch in einem Arbeits- und Vertragsverhältnis ihre innere Freiheit erhalten. Achten Sie beim Lesen darauf, welche Gedanken und Gefühle sie in Ihnen auslösen. Welchen stimmen Sie zu, wo sind Sie skeptisch, was lehnen Sie ab? Wo Sie einen Widerstand spüren, erkennen Sie eine Möglichkeit, Ihre bisherige Perspektive zu überdenken, wenn Sie das möchten. Sie können sich von Einstellungen lösen, die Sie bisher für Manipulationen anfällig machen.

Mehr als eine Notwendigkeit

Berufstätigkeit ist mehr als nur eine materielle Notwendigkeit. Das merken alle, die einmal längere Zeit arbeitslos waren, aber auch diejenigen, die beispielsweise wegen einer Erbschaft nicht arbeiten müssen. Arbeit gibt dem eigenen Leben eine sinnvolle Aufgabe, dem Alltag eine zeitliche Struktur, sorgt für interessante Lernerfahrungen und soziale Begegnungen. Arbeit gibt Wichtigkeit und Würde, denn ein eigener Verdienst macht unabhängig. Aber das heißt nicht, dass Sie zwingend bei einem bestimmten Arbeitgeber bleiben müssen, nicht einmal in einem Beruf oder in einer Branche. Wenn es für Sie vorteilhafter ist, wechseln Sie.

Überzeugung 1: Niemand darf ganz über mich bestimmen

Manche Arbeitgeber sind bis heute erkennbar nicht ganz darüber hinweg, dass die Leibeigenschaft im 19. Jahrhundert abgeschafft wurde. Bei dieser Form des Arbeitsverhältnisses gehörten die Mitarbeiter tatsächlich dem Chef. Er konnte sie nach eigenem Ermessen einsetzen, über sie verfügen, auch körperlich bestrafen. Eine Beziehung anfangen, einen Kredit aufnehmen, etwas kaufen, umziehen, heiraten und Familie gründen? Alles nur mit seiner Erlaubnis möglich.

Mit einem Arbeitsvertrag verpflichten Sie sich dazu, einen bestimmten Anteil Ihrer Zeit (z. B. 40 Stunden pro Woche) für eine vereinbarte Tätigkeit zur Verfügung zu stellen. Dafür überlässt Ihnen der Arbeitgeber die notwendigen Mittel (z. B. Räumlichkeiten, Computer, Werkzeuge) und entschädigt Sie finanziell, indem er Gehalt oder Lohn zahlt. Darüber hinaus endet sein Mitspracherecht auf Ihr weiteres Leben aber recht schnell, weitgehend bereits jenseits des Firmengeländes.

Selbstverständlich nehmen Sie Rücksicht, damit Sie beispielsweise durch Ihr öffentliches Verhalten nicht dem Ruf Ihres Arbeitgebers schaden oder Ihre Arbeitskraft beeinträchtigen. Ansonsten aber führen Sie Ihr eigenes Leben und gestalten es weitgehend nach Ihren Vorstellungen. Ihr Chef hat da nicht mitzureden. Sie haben das Recht dazu und mit drei bis sechs Monaten Kündigungsfrist auch eine überschaubare Bindung an ihn, falls er es anders sieht.

»Ich bestimmte selbst über mein Leben und gebe meinem Arbeitgeber immer nur einem begrenzten Teil davon.«

Überzeugung 2: Mein Urteil zählt so viel wie das der anderen

»Viele sehnen sich nach einer Zeit, in der man noch scheinbar klar zwischen Gut und Böse, Richtig und Falsch unterscheiden konnte. Und es sind die Wissenschaftler, die eine solche Situation wiederherstellen und das Chaos ordnen sollen«, schrieb der Philosoph und Autor Reinhard K. Sprenger in der Neuen Zürcher Zeitung. Aber: »Man kann noch so viel Wissenschaftlichkeit, Zahlen und Studien auftürmen – was daraus folgt, bleibt dem Einzelnen überlassen.«

Natürlich ist es wichtig und Teil der Allgemeinbildung, sich über bekannte Fakten und wohlbegründete Annahmen (Hypothesen, Modelle) zu informieren. *Gefühlte Wahrheiten* sind selten eine empfehlenswerte Basis für Entscheidungen. Aber das bedeutet nicht, dass Fakten zwingend nur einen Schluss zulassen, sofern es nicht um rein naturwissenschaftliche Phänomene geht. Persönliche Interpretationen und Einordnungen führen zu unterschiedlichen Folgerungen.

Das bedeutet, dass Ihr informiertes Urteil so viel wie das der anderen zählt. Die Fakten sind nicht beliebig behauptbar. Aber Sie haben das gleiche Recht wie Ihr Vorgesetzter, sich auf dieser Basis eine eigene Meinung zu bilden – auch wenn Sie zu einem anderen Schluss kommen. Bei einer disziplinarischen Unterordnung müssen Sie manchmal trotzdem nachgeben. Geschieht das jedoch in Ihrem Job ständig, zeigt Ihnen das, dass Sie im falschen Umfeld sind.

»Diskussionen sollten auf korrekten Fakten basieren, führen aber trotzdem oft zu unterschiedlichen Folgerungen.«

Überzeugung 3: Keiner kann mir seine Weltsicht aufzwingen

Ich habe einmal bei einem Unternehmen gearbeitet, bei dem die Kollegen folgenden Spruch ausgedruckt und mit dem Namen ihres Vorgesetzten versehen an die Wand gehängt hatten: »Jeder hat das Recht auf meine Meinung.« Besucher lächelten regelmäßig darüber, sie hielten das für einen ironischen Witz. Nur war es das nicht, sondern eine Beschreibung der Realität. Da wurde streng hierarchisch geführt, Befehl und Ausführung wie beim Militär.

Das ist in vielen Berufsfeldern notwendig und sinnvoll. Wenn wichtige Entscheidungen eilig zu treffen sind, kann nicht immer erst so lange diskutiert werden, bis jeder davon überzeugt ist. Das trifft beispielsweise in einem Krankenhaus, in der Polizeistation, in einem Kraftwerk oder in einer Redaktion in hektischen Zeiten zu. Wenn einmal grundsätzlich debattiert werden soll, dann außerhalb des Arbeitsalltages, etwa in einem separat angesetzten Workshop.

Im Rahmen eines Arbeitsverhältnisses müssen Sie grundsätzlich den Anweisungen Ihres Vorgesetzten folgen und so auch dessen Überzeugungen und Annahmen bis zu einem gewissen Grad übernehmen oder zumindest nachvollziehen. Aber das geht nie so weit, dass man Sie zwingen kann, dies auch persönlich zu *glauben*. Sie entscheiden sich nach Abwägung der Informationen und Argumente für Ihre eigene Weltsicht. Ihre Gedanken bleiben frei.

»Ich bin offen für neue Ansichten, entscheide aber immer selbst, welche ich annehme und welche nicht.«

Überzeugung 4: Jeder ist zuerst für sich selbst verantwortlich

In Zürich hörte ich vor einigen Jahren einen Vortrag der prominenten Bürgerrechtlerin Auma Obama aus Kenia, der Schwester des einstigen US-Präsidenten. Sie sprach Ungeheuerliches aus: dass es schädlich und entmündigend sei, wenn sich Europäer ständig verpflichtet oder ermächtigt sehen würden, in Afrika »zu helfen«. Sie würden den dortigen Menschen damit aberziehen, eigenverantwortlich zu leben, eigene Maßstäbe zu finden, aus Konsequenzen zu lernen.

Vielen Zuschauern im Saal stockte bei ihren Worten der Atem. Sie waren erkennbar schockiert, erleichtert, zugleich aber auch ängstlich. Verantwortung zurückgeben, darf man das überhaupt? Denn von interessierten Kreisen (z. B. den Betreibern entsprechender Institutionen und Projekte) hört man regelmäßig, dass man *zur Hilfe moralisch immer verpflichtet* wäre, und zwar ohne jedes Limit – abgeleitet meist aus einer abstrakt konstruierten indirekten Mitschuld.

Jeder Erwachsene ist aber zuerst für sich selbst verantwortlich. Das gilt für Einzelpersonen, Bevölkerungsgruppen oder Weltregionen. Hilfe im Notfall ist ein Zeichen gelebter Empathie, aber immer freiwillig. Sie sollte in Umfang und Dauer auch begrenzt sein, sonst wird sie zur Alimentierung. Der Welt helfen Sie bereits, wenn Sie Ihren Beruf gut erledigen, damit hilfreiche Produkte und Dienstleistungen schaffen, unternehmerische Einnahmen und Steuern erwirtschaften.

»Am meisten helfe ich anderen, wenn sie durch mich klüger und stärker werden, sich damit selbst helfen können.«

Überzeugung 5: Ich entscheide, wofür ich mich engagiere

Eine Freundin arbeitete in einem Industriebetrieb, dessen Vorstand die gesamte Belegschaft zu einem benachbarten Fluss wandern ließ. Jeder sollte dort mit einem Eimer etwas Wasser schöpfen, es ein Stück den Strom hinuntertragen, dann zurückgießen. Als Erinnerung daran, dass viele Frauen in armen Ländern ihr Wasser täglich zu Fuß holen müssen. Von jedem wurde dafür eine Teilnahmegebühr verlangt, die das Unternehmen aufgerundet spendete.

Man kann darüber diskutieren, wie sinnvoll weitgehend symbolische Hilfsaktionen sind. Aber es ist üblich geworden, dass Arbeitgeber ihre Mitarbeiter zu gesellschaftlichen oder sozialen Engagements anhalten: das automatische Aufrunden der eigenen Lohnabzüge für einen guten Zweck, die Bitte um Geldspenden, Hilfs- und Arbeitseinsätze im Team. Manche haben dafür eigene Hilfsorganisationen (z. B. Stiftungen) gegründet. Andere nutzen externe Partner.

Die meisten werden sich gutwillig beteiligen, vor allen, wenn der Einsatz sowieso in die bezahlte Arbeitszeit fällt. Gleichzeitig dürfen Sie sich die Freiheit erhalten, erfragte Geldspenden oder Einsätze in Ihrer Freizeit ohne schlechtes Gewissen abzulehnen. Wenn es Ihrer Überzeugung entspricht, dürfen Sie das damit begründen, dass Sie das Ziel dieses konkreten Engagements nicht unterstützen oder sogar ablehnen und sich lieber anderweitig einsetzen.

»Ich entscheide selbst, wofür ich mich einsetze. Damit zeige ich, wer und was mir wirklich wichtig ist.«

Überzeugung 6: Ich muss nicht zu allem eine Meinung haben

Wenn ich mich im Sportstudio für das Training aufwärme, gehe ich meist 20 Minuten auf den Crosstrainer, Stepper oder Fahrradergometer. Dabei sehe ich drei große Bildschirme an der Wand gegenüber, auf jedem einen anderen Nachrichtensender. Ein Drama, Skandal oder Unglück jagt schon in dieser kurzen Zeit das andere, eine Breaking News (Eilmeldung) folgt auf die nächste. Die Moderatoren sind immer atemlos, die wechselnden Experten empört oder besorgt.

Für viele Branchen sind Ihre Aufmerksamkeit und Zeit das wichtigste Kapitel. Damit wird das Geld verdient: durch Werbung bei klassischen oder sozialen Medien, durch Positionen für Politiker und Spezialisten, durch Spenden bei Hilfs- und Lobbyorganisationen. Der Trick, Sie für dieses Geschäftsmodell einzuspannen: zu behaupten, dass Sie all das auch persönlich angeht, Sie deshalb unbedingt davon wissen müssen, sich beteiligen, eine Meinung bilden.

Sie haben aber die Freiheit, dabei nicht mitzuspielen. Sie müssen überhaupt nicht wissen, was ständig überall in der Welt geschieht oder diskutiert wird, gar daraus Konsequenzen für sich selbst ableiten. Denn das würde Sie davon abhalten, sich überhaupt noch selbstbestimmt um Ihr Leben zu kümmern, Ihnen alle Zeit und Kraft rauben. Wählen Sie bewusst aus, womit Sie sich gedanklich beschäftigen und damit belasten wollen, beruflich wie privat.

»Gedankliche Klarheit bedeutet nicht, zu jedem eine Meinung zu äußern. Vieles ist zu unwichtig dafür.«

Überzeugung 7: Es ist okay, wenn wir nicht alles gleich sehen

Schon bei Kleinigkeiten können die Ansichten diametral auseinanderliegen. Im englischen Kinderbuchklassiker *Alice im Spiegelland* klagt Alice an einer Stelle: »Mir ist sehr heiß, ich habe großen Durst.« Die Rote Königin weiß sofort, was erfrischen würde: »Keks gefällig?« Sie zaubert ein trockenes Gebäckstück hervor, das Alice aus Höflichkeit hinunterwürgt, obwohl sie daran fast erstickt. Die Königin freundlich: »Dein Durst ist gestillt, hoffe ich?« Alice lehnt eilig ab.

Ähnliches spielt sich täglich zwischen Führungskräften und ihren Mitarbeitern ab: Man scheint manchmal die Welt komplett unterschiedlich zu sehen, verschiedene Sprachen zu sprechen. Das lässt sich nur begrenzt auflösen, ganz analog zur größeren Gesellschaft. Nicht umsonst gibt es Parlamente mit unterschiedlichen Parteien, verschiedenste Medien, Interessenorganisationen aller Art. Die Vielfalt der Meinungen ist eine Realität, kein überwindbarer Missstand.

Sie dürfen also entspannt bleiben, wenn Sie einen Meinungskonflikt feststellen. Es ist normal und in Ordnung, wenn Sie die Dinge unterschiedlich sehen. Das macht das Leben erst interessant. Im besten Fall tauschen Sie Argumente aus, handeln vielleicht einen Kompromiss aus. Manchmal müssen Sie auch klein beigeben und denken sich dann Ihren Teil. Aber wer Ihnen gegenüber behauptet, dass etwas »alternativlos« sei, ist diktatorisch oder denkfaul.

»Ich respektiere die Meinung anderer, erwarte aber auch, dass meine Meinung von ihnen respektiert wird.“

Überzeugung 8: Wenn es zu viel wird, kann ich immer gehen

Manche Berufstätige passen sich so lange gegen ihre eigenen Überzeugungen an, dass ihnen anschließend nur noch der radikale Ausstieg bleibt. Wie viele ehemalige Manager fanden nur als Zen-Mönch mit eigenem Seminarprogramm eine weitere Beschäftigung? Wie viele mussten Achtsamkeitslehrer auf Bali oder im Schwarzwald werden? Dabei ist es nie notwendig, so lange auszuhalten, bis einem die eigene Branche vollständig vergällt ist. Niemand ist derart eingesperrt.

Natürlich brauchen die meisten Menschen ihr Einkommen, sind finanziell für sich und andere verantwortlich. Aber das heißt nicht, dass man jahrelang alles hinnehmen und aushalten muss. Innerhalb von sechs bis 18 Monaten ist ein Wechsel immer möglich, wenn Sie Ihr aktuelles berufliches Umfeld ganz unerträglich finden und wirklich wegwollen. Das erfordert überschaubare Anstrengungen, vor allem regelmäßige Bewerbungen und Kontaktpflege.

Die Gewissheit, dass Sie immer gehen können, wirkt ungeheuer befreiend. Kurze Fluchten, von der Krankschreibung bis zum Sabbatical, haben diesen Effekt nicht. Dort ist die zeitnahe Rückkehr eingeplant. Ganz anders die Klarheit, dass Sie bei Bedarf heute noch – oder an jedem anderen Tag – Ihre Kündigung schreiben und dem Chef vorlegen könnten. Sie bleiben nur so lange, wie Sie den Ausgleich für Ihre Mühen für angemessen halten. Ansonsten sind Sie weg.

»Meine Arbeit prägt mein Leben entscheidend. Sie ist aber immer nur ein Teil von ihm, niemals alles.«

Überzeugung 9: Kein Job ist es wert, sich ganz aufzugeben

Schon vor bald 2000 Jahren sagte Jesus: »Was nützt es einem Menschen, wenn er die ganze Welt gewinnt, dabei aber seine Seele verliert?« Die Warnung steht im biblischen Buch Markus (Kapitel 8, Vers 36). Sie bedeutet: Der größte Erfolg – Geld, Annehmlichkeiten, Ruhm – ist es nicht wert, wenn Sie sich dafür aufgeben müssen. Denn das verlorene Ich lässt sich nicht mehr zurückkaufen. So ein Geschäft lohnt sich für Sie also nicht. Wer hier verzichtet, ist am Ende reicher.

Das heißt, dass es bei allem Streben eine Prioritätenfolge geben sollte. Kein beruflicher und finanzieller Erfolg ist es langfristig wert, sich dafür zu ruinieren. Der Aspekt der körperlichen und geistigen Gesundheit (Erschöpfung, Depressionen) ist selbsterklärend. Die seelische Gesundheit zählt aber ebenso dazu: seinen eigenen Werten entsprechend zu leben, seine persönliche Würde zu behalten. Noch zu wissen, wer man ist, mit sich im Reinen zu sein.

Auch diese Überzeugung gibt Ihnen Freiheit. Sie müssen und sollten sich nicht um jeden Preis verkaufen und alles mitmachen. Aus eigenem Interesse, zum Selbstschutz. Mit ein wenig Verzicht gewinnen Sie oft sogar deutlich dazu. Ganz praktisch vielleicht mehr Zeit und Kraft für Ihre Beziehung und Familie, für sich und Ihre Freunde. Bedenken Sie bei allen beruflichen Möglichkeiten und Angeboten also immer auch, was Sie dafür bezahlen müssen.

»So sehr ich mir beruflichen Erfolg wünsche, bedenke ich immer auch, dass er nicht jeden Preis wert ist.«

Kein schlechtes Gewissen

Wenn Sie sich dafür entscheiden, einfach Ihren Job zu machen, ohne am Arbeitsplatz immer gleich die Welt retten und mit allen befreundet sein zu wollen, werden einige nicht begeistert sein. Denn Sie nehmen damit Selbstbestimmung und Entscheidungsmacht wieder mehr an sich, entziehen sich also dem bisherigen Einfluss anderer. Das bedeutet nicht, dass Sie egoistischer werden. Lassen Sie sich das nicht einreden, gar mit einem schlechten Gewissen erpressen.

Sie entscheiden nur freier selbst, wie und wo Sie Ihre Ressourcen einsetzen wollen, soweit es über arbeitsvertragliche Pflichten hinausgeht. Möglicherweise wollen Sie beispielsweise schon ein Hilfsprojekt unterstützen, aber nach eigener Wahl und zu Ihren Bedingungen. Vielleicht sind Sie sogar eng mit einem Kollegen befreundet, nur nicht daran interessiert, mit dem direkten Team zwangsweise ein Wanderwochenende mit gemeinsamen Saunabesuch zu erleben.

Bei den unzähligen Ideen zur Weltverbesserung wünschen Sie sich möglicherweise, dass sich manche Leute ein wenig bremsen: »Für mich wäre es schon ein Fortschritt, wenn nicht ständig mehr Fortschritt gefordert würde.« Sondern: Erst einmal erfolgreich umsetzen, was alles versprochen wurde.

Sehen Sie die genannten Überzeugungen als Anregungen, Ihre Ansichten eventuell zu überdenken. Manchen werden Sie direkt zustimmen, bei anderen wahrscheinlich dagegen sein. Welche Sie für sich passend finden, ergibt sich aus Ihrem aktuellen Welt- und Menschenbild (siehe Kapitel: »Typologie: Womit packt Sie der Chef?«). Es ist flexibel, wird sich also je nach Lebensalter und -erfahrung sowieso immer wieder einmal verändern. Halten Sie sich daher nicht zu lange mit Für- und Gegenargumenten auf, sondern suchen Sie sich heraus, was für Ihre heutige Lage und Verfassung hilfreich ist. Die persönlichen Überzeugungen ändern sich langsamer, als sich ein schneller Praxistipp umsetzen lässt. Dafür hat ein echtes Umdenken eine nachhaltigere Wirkung. Wer die Welt – inklusive seines Chefs und der Kollegen – anders sieht, muss sich nicht mehr ständig selbst zu Verhaltensänderungen in seinem Alltag anhalten. Sondern geht ganz selbstverständlich auf eine neue Weise heran und zeigt den anderen dadurch ohne viele Worte, dass er nun anders behandelt werden möchte, weil er ein anderer geworden ist.

Eine kleine Übung: Probieren Sie Ihre neuen Überzeugungen aus

Mit den entsprechenden Überzeugungen fallen Ihnen alltägliche Entscheidungen leichter, etwa ein Ansinnen Ihres Arbeitgebers auch einmal zurückzuweisen. Entscheiden Sie sich für drei bis vier Überzeugungen aus diesem Kapitel, die Sie ansprechen und die Sie sich zu eigen machen wollen. Passen Sie sie bei Bedarf noch an oder formulieren Sie eigene, die für Sie noch besser wären. Zum Beispiel: »Ich finde auch einen anderen Job, ich muss das nicht mitmachen.« Oder: »Ich bin bereit und gelassen, auch einmal eine Konfrontation zu riskieren.« Am besten, Sie schreiben sie auf und lesen Sie gelegentlich laut für sich, damit sie Ihnen vertraut werden und in Ihr Denken übergehen. Achten Sie anschließend im beruflichen Alltag auf Gelegenheiten, kleine Entscheidungen zukünftig mehr in diesem Sinne zu treffen. Beobachten Sie, wie Sie sich dabei fühlen und wie andere darauf reagieren.

IHRE STIMME ZÄHLT SO VIEL WIE DIE DER ANDEREN

Es ist nicht leicht, für den eigenen Standpunkt einzutreten, wenn der Arbeitgeber vorgeblich fürsorglich oder offen drohend auftritt. So formulieren Sie ein klares Nein gegenüber Ihrem Vorgesetzten, ohne den Konflikt unnötig anzuheizen.

Manchmal muss man für seine Überzeugungen kämpfen. Eine Freundin arbeitete bei einem Unternehmen, das alle Mitarbeiter zu einem Seminar gegen »Sexismus« verpflichtete. Es stellte sich heraus, dass es in dem Seminar um mehr als die Diskriminierung aufgrund des Geschlechtes ging. Ihr Arbeitgeber wollte die privaten Beziehungen der Mitarbeiter untereinander regeln. So lautete eine Frage im Abschlusstest: »Was würden Sie tun, wenn ein Kollege Ihnen ein Kompliment machen und Sie zum Abendessen einladen würde?« Ihre Antwort war: »Ich würde mich geschmeichelt fühlen und vielleicht zusagen.« Korrekt wäre allerdings eher gewesen: »Ich würde ein derartig schmutziges Angebot sofort der Personalabteilung und der Polizei melden, anschließend lange duschen. Als Frau von einem Mann mit solch einer Idee angesprochen zu werden, nur weil man sich jeden Tag sieht – wie krank ist das denn!«

Da sie ihre Antwort nicht ändern wollte, wurde eine Aussprache mit ihrem Vorgesetzten und der Personalabteilung angesetzt. Ob sie das Seminar nicht verstanden habe, sie sich etwa nicht mit »betroffenen Kolleginnen solidarisch zeigen« – »gerade als Frau« –, gar die Firma in Schwierigkeiten bringen wolle? Sie sollte den Test noch einmal wiederholen, blieb aber bei ihrer Antwort. Ihr ging es ums Prinzip: Sie wollte sich nicht grundsätzlich zum Opfer erklären lassen, das durch den Arbeitgeber vor Männern geschützt werden müsse und sich bei Desinteresse nicht selbst dagegen verwahren könne. Für sie war das Sexismus. Sie bekam also das Zertifikat nicht, dafür eine missbilligende Bemerkung vom HR – und arbeitete anschließend wie gehabt weiter.

Es ist nicht leicht, in einem beruflichen Wertekonflikt konsequent für den eigenen Standpunkt einzustehen. Denn Arbeitgeber probieren alle Methoden – von angeblicher Fürsorge bis hin zu offenen Drohungen. In diesem Kapitel geht es darum, wie Sie ein klares Nein formulieren, ohne die Auseinandersetzung unnötig zu verschärfen. Das ist vor allem wichtig, wenn Sie bleiben und weiter mit Chefs und Kollegen arbeiten wollen, nur eben nicht um jeden Preis.

Die wichtigste Regel

Eine Grundregel sollten Sie dabei bedenken. Das Recht auf eine eigene Meinung gilt für alle. Sie müssen also auch Ihrem Arbeitgeber zugestehen, einer anderen Ansicht als Sie zu sein. Bestehende weltanschauliche Konflikte beseitigen Sie am Arbeitsplatz nicht, indem Sie sie inhaltlich ausdiskutieren (ob z. B. positive Diskriminierung oder Gender-Deutsch nun wünschenswert oder abzulehnen sind). Das ist schon bei Partnern, Angehörigen und Freunden meist unmöglich. Erfahrungsgemäß verstreitet man sich eher, als dass man jemanden umstimmen würde. Als Mitarbeiter sind Sie zudem zum Befolgen dienstlicher Anweisungen verpflichtet und haben es mit Vorgesetzten zu tun, die selbst auf Anweisung handeln (z. B. eine Unternehmensstrategie in der Abteilung umsetzen).

So kann es also nur darum gehen, dass Sie Ihre Grenzen aufzeigen: klarmachen, woran Sie sich nicht beteiligen werden, um dann zu sehen, ob sich eine Alternative aushandeln oder extern finden lässt. Eine kurze inhaltliche Begründung ist jedoch sinnvoll, damit verstanden wird, warum Sie dagegen sind. Das zeigt, dass Sie ernsthaft darüber nachgedacht haben und entschlossen sind. Ansonsten dürfen unterschiedliche Meinungen nebeneinander stehen bleiben. Nicht alles lässt sich durch Reden auflösen – und das ist auch nicht notwendig.

Respektvoll zuhören und anerkennen

Dieter Hallervorden spielte 1984 im Film »Didi – Der Doppelgänger« einen Kneipenbesitzer, der mit einem Bauunternehmer das Leben tauscht. Er versteht nichts vom Baugeschäft, zeigt sich aber als glänzender Manager. Denn er antwortet einfach auf alles immer nur mit: »Ich brauche mehr Details«, »Das ist nur Ihre Meinung« oder »Schreiben Sie's auf, ich beschäftige mich später damit«. Kurz: Phrasen-Bingo, wie es bis heute jede bessere Business School lehrt.

Ganz so unüberlegt sollten Sie Ihrem Chef allerdings nicht antworten. Bei einem Arbeitsverhältnis stehen Sie in einer gewissen Abhängigkeit (wahrscheinlich brauchen Sie das Einkommen) und haben sich zu Unterordnung verpflichtet. Das hat Grenzen, wie besprochen. Gleichzeitig zeigen Sie Anstand und verhalten sich im eigenen Interesse klug, wenn Sie zuerst einmal respektvoll zuhören und die andere Position würdigen – was nicht heißt, dass Sie sie teilen müssen.

Was Sie nicht tun sollten: sofort widersprechen, vielleicht sogar, bevor Ihr Vorgesetzter überhaupt ausgesprochen hat. Solch eine Reaktion ist zwar verständlich, vor allem, wenn Sie das Gefühl haben, sich verteidigen zu müssen, oder ein bestimmtes Thema Sie sowieso aufregt. Aber damit würden Sie den Eindruck vermitteln, dass Sie Ihr Gegenüber nicht anerkennen und ohne Nachdenken mit Ihrer Meinung herausplatzen. Das erschwert die Situation nur noch mehr.

So geht es besser: Bedanken Sie sich höflich bei Ihrem Vorgesetzten, unabhängig davon, was Sie denken, und fassen Sie kurz zusammen. »Wie ich Sie verstanden habe, wollen Sie …«, »Ihnen ist es also wichtig, dass …« Damit stellen Sie sicher, dass alles korrekt bei Ihnen angekommen ist, und zeigen, dass Sie zugehört und verstanden haben. Diese erste Reaktion verschafft Ihnen auch einen kurzen Moment, um über die beste Reaktion nachzudenken.

Niemals auf Social Media

Niemals sollten Sie sich bei einem Konflikt öffentlich auf Social Media, in Blogs oder gegenüber Medien negativ über Ihren Arbeitgeber äußern, und zwar sowohl während der Anstellung als auch später, falls Sie ausscheiden. Sie verletzen damit das häufig sogar vertragliche Verschwiegenheitsgebot, schaden aber auch Ihrem Ruf in Ihrer Branche. Eine denkbare Ausnahme wären strafrechtlich relevante Vorkommnisse. Dafür sind jedoch die Justizbehörden der richtige Ansprechpartner. Veröffentlichen Sie unbelegte Vorwürfe nicht von sich aus.

Keine Angst, zum Chef Nein zu sagen

»Die Fähigkeit, das Wort ›Nein‹ auszusprechen, ist der erste Schritt zur Freiheit«, hat der französische Schriftsteller Nicolas Chamfort gesagt. Diese Erkenntnis war bei ihm sogar biografisch begründet: Seine Mama hatte zum örtlichen Pfarrer nicht Nein sagen können, und er war das Ergebnis, was für einige Schwierigkeiten sorgte. Kurzfristig ist ein Nein fast immer unangenehm, langfristig erspart es häufig enorme Ungelegenheiten. Man sagt nicht grundlos: Lieber ein Ende mit Schrecken als ein Schrecken ohne Ende.

Entsprechend wichtig ist es, dass Sie Ihrem Vorgesetzten sagen, dass Sie in der strittigen Sache nicht zustimmen. Bis zu einem gewissen Grad hilft Vermeidung oder verschafft Ihnen Zeit. Dass Sie ein wenig im betrieblichen Alltag untertauchen (sich z. B. zu einem unerwünschten Seminar einfach nie anmelden oder zu Meetings nicht erscheinen, indem Sie immer andere Termine oder zu viel Arbeit vorschieben). Aber einmal muss das klare Nein in eigener Sache sein.

Was Sie nicht tun sollten: Vermeiden Sie einen aggressiven, aufgeregten Tonfall, der als unverschämt oder bedrohlich ankommen würde. Damit würde plötzlich eher Ihr Auftreten zum Thema. Ebenso ein generelles Nein zum Arbeitgeber (»Mir reicht es hier«, »Am liebsten würde ich ganz gehen«). Das könnte Ihnen als Arbeitsverweigerung oder gar als spontane mündliche Kündigung ausgelegt werden.

So geht es besser: bestimmt, aber immer höflich und verbindlich. Machen Sie klar, dass Sie kein Totalverweigerer sind. Ihnen geht es ausdrücklich nur um einen konkreten Punkt. Passende Formulierungen wären: »Das kommt für mich nicht infrage«, »Da bin ich nicht dabei«, »Mit dieser Sache bin ich nicht einverstanden«. Korrigieren Sie sanft, aber beharrlich, wenn Ihr Chef eventuell daraus folgert, dass Sie »ja gegen alles« seien. Das trifft nicht zu.

Vorher üben

Möglicherweise haben Sie bisher Angst davor, Ihrem Vorgesetzten zu widersprechen, oder verlieren den Mut, kaum dass Sie den Satz angefangen haben. Das trifft vor allem zu, wenn Sie sich im Kapitel »Typologie: Womit packt Sie der Chef?« bei Stufe 1 eingeordnet haben. Üben Sie dann vorher die entsprechenden Sätze für sich daheim: Sprechen Sie sie wiederholt laut aus oder schreien Sie sie sogar einmal heraus. Das wirkt befreiend, aktiviert Ihre Energie und sorgt dafür, dass Sie bei Bedarf nicht mehr lange nach Worten suchen müssen. Sie werden ruhig klingen, auch wenn Sie aufgeregt sind oder sich über eventuelle Folgen Gedanken machen.

Wenn Chefs offen drohen

Gelegentlich kommt es vor, dass Vorgesetzte ihren Mitarbeitern offen drohen: »Dich schmeiß ich raus.« Oder kaltstellen wollen: »Du kriegst hier keinen Fuß mehr auf den Boden.« Im Zweiergespräch, aber auch vor der ganzen Belegschaft. Erinnern Sie sich daran, dass Sie nicht bei Ihrem Chef angestellt sind, sondern beim Unternehmen. Er ist ein Angestellter wie Sie, wenn auch übergeordnet (Ausnahme: geschäftsführende Gesellschafter o.ä.). Er kann Ihnen das Leben schwer machen, Sie aber nicht einfach so entlassen. Oft weist ihn in solchen Fällen bereits das eigene HR auf seine Grenzen hin, die das Arbeitsrecht setzt. Vielen Chefs ist das nämlich erstaunlich wenig bekannt.

Eigene Ansichten und Grenzen ausdrücken

Manche Unternehmen fühlen sich tatsächlich an wie eine Schlechtwetterzone, in der es ständig donnert und einen jederzeit der Blitz treffen könnte. Da hilft es nicht, auf blauen Himmel zu hoffen, sondern nur, sich abzuschirmen. Zwar behauptet die Redewendung: »Es gibt kein schlechtes Wetter, es gibt nur falsche Kleidung.« Doch wer will sich denn immer schützen müssen? Da hilft manchmal nur der Umzug in eine angenehmere, gemäßigte Klimazone.

Auch bei Angst vor einem Donnerwetter müssen Sie im Berufsleben Ihre Ansichten und Grenzen aber ausdrücken und durchsetzen. Sie können nie immer nur Ja sagen, wenn Ihre Interessen nicht völlig beiseitegedrängt werden sollen. Es ist sogar denkbar, dass Sie sich einmal einen Anwalt gegen den eigenen Arbeitgeber nehmen müssen, auch wenn Sie weiter zusammenarbeiten wollen. Sie sollten Ihre Motive dafür aber immer verständlich machen, verhandlungsbereit bleiben.

Was Sie nicht tun sollten: Lange, sehr persönliche Erklärungen sind im beruflichen Umfeld unangemessen. Sie würden in einer aufgeregten Situation kaum gehört und auch nicht verstanden. Der Vorgesetzte könnte (wegen seiner eigenen Anweisungen) auch kaum Rücksicht darauf nehmen. Zudem würden Sie sich recht verletzbar machen, wenn Sie beispielsweise einen persönlichen Gewissenskonflikt ausführen, den andere dann ausnutzen oder verspotten.

So geht es besser: Erklären Sie kurz und sachlich, warum Sie sich an einer bestimmten Aktivität nicht beteiligen oder einem bestimmten Wunsch nicht nachkommen werden. Ein, zwei Sätze erlauben Ihren Vorgesetzten, Ihre Motive inhaltlich einzuordnen, und machen ihm klar, dass Sie nicht unüberlegt oder aus Trotz handeln. Mehr Erläuterung ist fast nie notwendig. Er kann auf dieser Basis entscheiden, wie er reagieren möchte, und eventuell eine Alternative anbieten.

Anwaltliche Hilfe

Es ist, wie erwähnt, manchmal durchaus sinnvoll, die Hilfe eines Rechtsanwalts zu nutzen, um Ihre konkrete Situation juristisch bewerten zu lassen, auch wenn Sie nicht vorhaben, den Arbeitgeber zu verlassen. Überlegen Sie dabei nur gut, ob

Sie das Ihrem Chef offen sagen wollen. Eine wie nebenbei fallen gelassene Bemerkung (»Ich habe mich zur Sicherheit auch einmal anwaltlich beraten lassen«) kann zeigen, dass Sie nicht hilflos und uninformiert argumentieren. Sie sollte aber nicht als Bedrohung ankommen, um die Fronten nicht zu früh zu verhärten. Selbst eine eventuelle Vertragsauflösung gegen Abfindung kann fair für beide ablaufen.

Vor emotionaler Überrumpelung schützen

Ich habe schon von Vorgesetzten gehört, die so gefürchtet waren, dass ihre Mitarbeiter im Büroflur regelmäßig einen kurzen Sprint hinlegten, ehe sie zur Besprechung ins Zimmer traten. So außer Atem und mit einem leichten Schweißglanz auf der Stirn klang es viel glaubwürdiger, wenn sie hervorstießen: »Bin schon am Auftrag dran, Chef, läuft alles!« Ein bisschen Schauspiel und Dramatisierung gehört zum Job, liebe Leistungspuristen. Es geht nie nur um die »Fakten«.

Auch die Chefs probieren es mit emotionaler Ansprache: mit gespielter Ungläubigkeit (»Das glaub ich jetzt nicht!«, »Hallo?«), echter Empörung (»Das kann doch nicht wahr sein!«, »Sie haben Nerven!«) oder auch vorgeblicher Besorgtheit (»Wollen Sie sich wirklich alles kaputt machen? Wir brauchen Sie hier doch.«). Als Mitarbeiter können Sie Ihrem Chef nicht das Wort verbieten, sich aber davor schützen, wenn er sie emotional überrumpeln will.

Was Sie nicht tun sollten: auf jeden gefühlsmäßigen Ausbruch direkt reagieren. Wird Ihr Chef wütend, beispielsweise ängstlich in den Sessel sinken und lieber gar nichts mehr sagen (entspricht Stufe 1 bei »Typologie: Womit packt Sie der Chef?«). Oder sich mit einem Gegenangriff verteidigen, rechtfertigen und Ihren Vorgesetzten abwerten (Stufe 2). Im ersten Fall würde er Sie überrollen und allein entscheiden, im zweiten Fall Sie disziplinieren. Alle positiven, konstruktiven Herangehensweisen (Stufe 3 und höher) nützen Ihnen, dem Chef und dem Unternehmen gleichzeitig.

So geht es besser: Werden Sie zum interessierten Beobachter, so wie jemand, der sich ein dramatisches Naturereignis – Vulkanausbruch, Springflut – ansieht. Sie können es nicht stoppen, aber auf einen Sicherheitsabstand achten und abwarten, bis es wieder abklingt. Bleiben Sie betont sachlich und ruhig. Achten Sie darauf, was Sie in solchen Momenten über die Verfassung und Tricks Ihres Chefs lernen – und über Ihre Reaktion darauf. Halten Sie die Spannung aus.

Mut lohnt sich langfristig

Es soll nicht verschwiegen werden, dass es manchmal etwas kostet, für sich einzustehen. Kurzfristig wird man eventuell verstimmt oder beleidigt reagieren und Sie bei Beförderungen übergehen (»Sie haben sich ja für einen anderen Weg entschieden«). Ich habe schon Klienten gesehen, die in Einzelbüros verwiesen und in wichtige Besprechungen nicht mehr eingeladen wurden, die von ihren Vorgesetzten hörten, dass ihre Projekte »niemals mehr« genehmigt würden und mit viel Ablehnung leben mussten.

Langfristig aber wird man Sie respektieren und achten. Denn die Welt ist nun einmal voller ängstlicher Konformisten, die alle die wenigen Helden bewundern, die tun, was sie für richtig halten, auch wenn es anfangs unangenehm ist. Gleichzeitig sind Sie gezwungen, Ihren eigenen Weg zu gehen, also authentischer und ehrlicher zu leben. Das wird Sie glücklicher und zufriedener machen. Freiheit ist nicht gratis, aber der Preis lohnt sich. Dafür müssen Sie kein Übermensch sein. Echte Helden waren schon immer ganz normale Leute, die über sich hinausgewachsen sind.

Außerdem, wer fundamentale Wünsche und Überzeugungen seiner Mitarbeiter derart missachtet, ist langfristig sowieso der falsche Arbeitgeber. Dafür lohnt es sich nicht, an dem Zwiespalt zu verzweifeln oder sich in Kämpfen aufzureiben. Investieren Sie Ihre Energie lieber darin, sich praktisch unabhängiger zu machen, um eine Sonderlösung aushandeln oder bei Bedarf ganz wechseln zu können. Darum geht es im folgenden letzten Kapitel mit Praxistipps.

Eine kleine Übung: Das Gespräch mit dem Chef vorher einmal durchspielen

Es hilft Ihnen, wenn Sie schwierige Gespräche vorbereitet angehen – bestimmt und klar auftreten, aber höflich und freundlich bleiben. Üben Sie das mit jemand anderem (z. B. einem Freund) für ca. 20 bis 30 Minuten mit wechselnden Rollen. Einmal sind Sie der Mitarbeiter, also Sie selbst, und Ihr Gegenüber der Chef. Dann spielen Sie Ihren Chef und Ihr Gegenüber stellt Ihre Rolle dar. Probieren Sie gemeinsam durch, was beide Seiten jeweils sagen bzw. entgegnen könnten. Variieren Sie auch, indem jeder einmal Empörung, Wut oder Angst ausdrückt. Damit gewinnen Sie spielerisch eine gewisse Routine, werden weniger leicht überrascht und haben weniger Angst vor der realen Situation.

WER EINE EIGENE MEINUNG WAGEN WILL, MUSS FREI SEIN

Ein Arbeitsvertrag schafft Verpflichtungen, ebenso die praktischen Zwänge des eigenen Lebens. Gleichzeitig kann sich nur derjenige eine eigene Meinung erlauben, der notfalls auch gehen würde. So schaffen Sie sich mehr Freiheit.

Mancher fragt sich nach zermürbenden Kämpfen mit seinem Chef, vielleicht auch nach schlaflosen Nächten oder sogar Tränen: Warum das alles? Lohnen sich denn die Streitigkeiten, sollte man nicht einfach nachgeben oder endlich gehen? Das ist ja wie eine verkorkste Ehe, immerhin mit dem Vorteil, dass es am Monatsende wenigstens noch Geld dafür gibt! Dabei wäre der Abschied sogar leichter, mehr als drei bis sechs Monate Kündigungsfrist hat kaum einer im Vertrag.

Trotzdem leiden manche jahrelang weiter, obwohl sie bei ihrem Chef weder gemeinsamer Hausrat noch Kinder zurückhalten. Woran liegt's? Zyniker würden sagen: Eine eigene Meinung muss man sich leisten können. Das stimmt sogar. Aber nicht in dem Sinne, dass nur die Reichen ganz unabhängig wären (sind sie auch nicht), sondern dass es praktische Schritte zu mehr Freiheit braucht, um eine eigene Meinung ausleben zu können. Mit praktischen Schritten für mehr Freiheit schützen Sie sich immer noch am besten vor Übergriffigkeiten und Zwängen am Arbeitsplatz. Seien Sie offen oder versteckt, hinter freundlichen

»Empfehlungen« oder getarnt als Teil der angeblichen Weltverbesserung. Einiges muss man immer hinnehmen. Es ist unmöglich, ständig mit allen – und bei allen Themen – übereinzustimmen. Aber was soll man nun akzeptieren und wann ist es Zeit für einen Wechsel aus diesem Grund?

Fragen für die Selbstreflexion

Wenn eine Arbeitsbeziehung von fundamentalen Wertedifferenzen belastet ist, geht es um eine tiefere Ebene als bei strittigen Strategien oder Auseinandersetzungen um Projekte, Budgets und Termine. Hier passt etwas Grundsätzliches nicht, und das rührt an Ihr Selbstverständnis als Mensch in Bezug auf die Welt und andere. Ist es deswegen Zeit zu gehen? Folgende Fragen können Ihnen bei der Selbstreflexion helfen:

- Haben Sie ständig das Gefühl, Ihre persönliche Meinung verbergen und sich verstellen zu müssen, um nicht als Dauer-Opposition dazustehen?
- Werden Ihre Vorschläge häufig mit der Begründung abgelehnt, dass sie »nicht zu uns passen«, »in die falsche Richtung gehen« oder ähnlich?
- Fühlen Sie sich von Ihrem Chef falsch verstanden, haben aber die Erfahrung machen müssen, dass Klarstellungen und Aussprachen nicht helfen?
- Kreisen Ihre Gedanken immer wieder darum, wie bestimmte Themen im Unternehmen aus Ihrer Sicht falsch gesehen oder angegangen werden?
- Ist das Vertrauen zu Ihrem Chef verloren gegangen, notieren Sie sich z. B. bereits jede Äußerung von ihm, weil Sie langsam an sich selbst zweifeln?
- Stellen Sie fest, dass sich in Ihnen Wut gegen oder sogar Hass auf Ihren Unternehmensleiter oder den direkten Vorgesetzten aufbaut?

- Merken Sie selbst, dass sich Ihr Frust nicht verbergen lässt, Sie beispielsweise vor anderen immer wieder über Ihren Arbeitgebers klagen oder schimpfen?

Wenn Sie vier oder mehr dieser Fragen mit Ja beantworten: Es ist Zeit für einen Wechsel innerhalb der nächsten sechs bis neun Monate. Ständig gegen die eigenen Überzeugungen und Werte zu arbeiten, ist enorm erschöpfend. Jeder Arbeitsauftrag wird zum inneren Konflikt und führt zu Disputen mit Vorgesetzten. In diesem Fall kann der Wechsel zu einem passenderen Arbeitgeber Ihr Leben sehr verbessern.

Wenn Sie zwei bis drei Fragen mit Ja beantwortet haben: Sie können wahrscheinlich noch ein bis zwei Jahre bleiben, ohne dass es Sie zu sehr belasten würde. Prüfen Sie aber, ob ein interner Wechsel möglich und sinnvoll wäre. Empfehlenswert ist es, fortlaufend die eigenen Ansichten zu klären und zu beobachten, wie sich die Lage weiterentwickelt. Eine erneute Bestandsaufnahme nach sechs Monaten empfiehlt sich – am besten gleich im Kalender eintragen!

Die eigenen Grundwerte kennen

Wollen Sie Ihre Wünsche und Bedürfnisse besser durchsetzen, sollten Ihnen Ihre Grundwerte klar sein. Ist Ihnen Sicherheit wichtiger als Abenteuer, bevorzugen Sie Individualität oder Gemeinschaft? Daraus leiten sich konkrete Anliegen im Bereich der Politik und Weltanschauung ab. Auf meiner Webseite attilaalbert.com finden Sie neben anderen kostenlosen Materialien ein Arbeitsblatt, das Sie dabei unterstützt, über Ihre Werte nachzudenken. Laden Sie es sich bei Interesse herunter und füllen Sie es aus.

Um einen Ausweg kümmern

Wenn Sie feststellen, dass Sie sich am Arbeitsplatz in einem Wertekonflikt befinden, sollten Sie realistisch sein. Sie werden einige Zeit damit leben können, aber dort wahrscheinlich niemals so erfolgreich sein, wie es Ihren Fähigkeiten entspricht. Ohne eine vertrauensvolle, belastbare Beziehung und Kommunikation mit Ihren Vorgesetzten und Kollegen wird jede alltägliche Herausforderung zur Grundsatzfrage und zum Angriff auf Ihre Würde. Das geht nicht ewig gut.

Die beste Taktik in dieser Situation ist: Nehmen Sie mit, was Sie können – Einkommen, gute Projekte, die Ihnen bei späteren Bewerbungen nützen könnten, sowie den Zugang zu hilfreichen Kontakten. Schauen Sie sich aber gleichzeitig konsequent nach einer neuen Stelle um. Vielleicht haben Sie Glück und Sie halten noch ein bis zwei Jahre durch. Aber der Preis ist hoch. Sie werden in solch einem Umfeld zunehmend verunsichert, müde und damit tatsächlich schlechter.

Eine Klientin, die in einem problematischen Umfeld mit einem schwierigen Chef arbeitete, drückte es so aus: »Ich habe am Ende gezweifelt, ob ich überhaupt etwas kann.« Investieren Sie also nicht zu viel darin, sich in einen Job im falschen Unternehmen zu zwängen. Sondern eher in Bewerbungen bei Arbeitgebern, bei denen man Sie als Profi und Mensch haben will, wie Sie sind. Das zahlt sich langfristig für Sie aus.

Aufgewendete Zeit begrenzen

Als sehr junger Mensch – ich habe mit 17 zu arbeiten begonnen – war ich recht ungestüm und habe mich in jeden Kampf gestürzt. Ein älterer Mentor riet mir, mehr auf die Kraft der Zeit zu setzen: »Manchmal muss man sich ans Ufer des Flusses setzen und warten, bis die Leichen deiner Feinde vorbeitreiben.« Das angebliche chinesische Sprichwort hat sich später in meinem Leben oft bestätigt: Viele Gegner erledigen sich von selbst, wenn man nur geduldig abwarten kann.

Eine enorme Erleichterung ist es dabei bereits, sich möglichst sofort mehr Abstand zu verschaffen und langfristig zu denken. Reduzieren Sie dafür die Zeit, die Sie mit Ihrem Arbeitgeber befasst sind. Das muss gar nicht unbedingt eine Teilzeitregelung sein, sondern lässt sich bereits anderweitig anfangen, etwa durch ein häufiger abgeschaltetes Handy. Sie verschaffen sich damit Atempausen, reduzieren die Kämpfe und gewinnen Zeit und Kraft, um an einer Lösung zu arbeiten.

Was Sie nicht tun sollten: sich monatelang in immer neue Krankschreibungen flüchten, um dem Problem auszuweichen. Das kann einmal eine Option für den Notfall sein, führt aber häufig dazu, dass Sie nie mehr in Ihren Job zurückkehren. Damit nehmen Sie sich jedoch die Möglichkeit, ein eventuelles Ausscheiden aktiv zu gestalten, indem Sie Ihre aktuelle Position z. B. noch für neue Kontakte oder Projekte nutzen, die Ihnen später nützlich sein könnten.

So geht es besser: Wann immer möglich, reduzieren Sie Überstunden, Einsätze und Ihre Erreichbarkeit nach Feierabend, am Wochenende und im Urlaub. Oft ist es eine mentale Hilfe, wenn Sie sich private Termine in den Kalender einstellen (z. B. Sport eine Stunde nach offiziellem Dienstschluss). Dann sagt es sich zum Chef leichter: »Tut mir leid, ich kann heute nicht länger bleiben. Ich habe noch einen Termin.« Die Firma wird auch ohne Sie überleben, keine Angst.

Vieles läuft sich tot

Als Coach empfehle ich Nichtstun nur selten als Taktik. Doch Abwarten und sich bedeckt halten kann helfen. Viele Bewegungen, wie sie hier im Buch diskutiert wurden, laufen sich von selbst tot, weil sie – unter anderem durch Übertreibungen aus Ungeduld – die breitere Unterstützung bald wieder verlieren, durch Gegenbewegungen oder den nächsten Trend verdrängt werden. Auch Sie selbst sehen die Dinge möglicherweise in einem halben Jahr schon wieder anders als heute. Das heißt nicht, dass Sie untätig bleiben sollen. Nur: Ihre Kraft nicht in sinnlosen Kämpfen erschöpfen, bei denen es für Sie gar nichts zu gewinnen gibt. Wenige Schlachten, dafür dann siegen.

Kraftquellen außerhalb des Berufs

In akuten beruflichen Krisen ist es ungeheuer hilfreich, ein wenig äußere Ablenkung von all dem Ärger zu haben. Für manche ist es schon die Gartenarbeit. Verschafft es nicht viel schnellere Erfolgserlebnisse, das Unkraut auszureißen und neue Pflanzen zu setzen, als das zehnte Mal die Budgetplanung zu überarbeiten, die sowieso wieder abgelehnt werden wird? Denkt man nicht beim Anblick des Gartenzwergs: »Ja, den Typ kenne ich – treffe ich jeden Mittwoch im Jour fixe«?

Kraftquellen außerhalb des Berufes sind eine enorme Unterstützung, die Sie bewusst nutzen sollten. Sie relativieren das Problem – der Job ist eben doch nicht alles –, verschaffen Erfolgserlebnisse und Bestätigung. Jeder Lebensbereich außerhalb des Jobs kann Ihnen das bieten, z. B. Ihre Beziehung, Familie und Freunde, soziale Aktivitäten (Sport, Verein, Kultur, Spiritualität), eine Weiterbildung, eigene Projekte aller Art. Seien Sie in mindestens zwei bis drei Bereichen aktiv.

Was Sie nicht tun sollten: sich in einer Krise weitgehend zurückziehen, um sich »auf den Beruf zu konzentrieren«. Zwar brauchen Sie mehr Zeit für sich, um sich zu erholen und nachzudenken. Aber Sie sollten nicht alles andere ganz aufgeben. Auch ungünstig: Partner und Freunde zu überlasten, indem Sie immer wieder von Ihren Problemen erzählen (»Du glaubst nicht, was bei uns jetzt wieder los war!«). Das nervt und ermüdet alle. Eine Zeit lang wird immer wohlmeinend und geduldig zugehört. Aber wenn alle Angehörigen und Freunde schon jede Eigenart Ihres Chefs kennen, Ihre Sätze bereits vollenden und die geschäftlichen Details auswendig wissen (»Ach, war das wieder die Präsentation zu Kunde XY?«), dann reden Sie eindeutig zu häufig von diesem Thema. Selbst das größte Verständnis kommt da einmal an seine Grenzen.

So geht es besser: Planen Sie selbst bei größter beruflicher Belastung einige feste Termine pro Woche ein, bei denen es einmal um etwas ganz anderes als die Arbeit geht. Ein schönes Abendessen mit dem Partner, eine Joggingrunde mit einem Freund, ein ruhiger Lese- oder Musikabend. Sie können schon einmal Ihre aktuellen Herausforderungen ansprechen. Konzentrieren Sie sich aber auf positive Themen und Aktivitäten. Dadurch werden Sie insgesamt zuversichtlicher.

Fachkundige Gesprächspartner suchen

Wer mitten in einem beruflichen Konflikt steckt, zweifelt häufig an sich und möchte sich ausführlich aussprechen. Partner, Verwandte und Freunde überfordert das vielfach. Sie können sich nur begrenzt darauf einlassen, mangels eigener Erfahrung auch nicht alles nachvollziehen. Schon aus Zuneigung bestätigen sie Ihre Perspektive, raten aber gleichzeitig meist zum Aushalten und Bleiben (»Das würde ich trotzdem nicht alles aufgeben, das wird schon wieder«). Wenn Sie das Bedürfnis verspüren: Oft ist das Gespräch mit einer sachkundigen Person sinnvoller, z. B. einem früheren Kollegen beim selben Arbeitgeber, einem Mentor aus der Branche oder einem spezialisierten Coach.

Internen Wechsel prüfen

Mancher wird vom Leben zum Karrierewechsel gezwungen. Man kann das zum Beispiel gut bei Gangster-Rappern beobachten, die sich nach einer behüteten Vorort-Kindheit, Abitur und Jura- oder BWL-Abschluss praktisch eine neue Biografie ausdenken müssen, in der sie »auf der Straße ums Überleben gekämpft« haben. Mit ihrem echten Lebenslauf würden sie in ihrer Szene total diskriminiert, wären chancenlos. Ganz ohne Flexibilität geht es bei keiner Karriere.

Für Sie ist es eventuell eine erste Option, in eine weniger exponierte Abteilung oder Position zu wechseln oder eine individuelle Regelung auszuhandeln (dass Sie beispielsweise an einigen Aktivitäten nicht teilnehmen, dafür anderweitig ausgleichen). Wenn Sie grundsätzlich im Unternehmen bleiben oder einfach Zeit gewinnen wollen, sollten Sie das versuchen. Sie vermeiden damit eine unüberlegte, folgenreiche Kündigung, weil Sie es »nicht mehr aushalten«.

Was Sie nicht tun sollten: Wenn der Streit mit Ihrem Vorgesetzten bereits eskaliert oder gar schon das HR eingeschaltet ist, bringt es nicht mehr viel, sich noch heimlich intern woanders zu bewerben. Selbst wenn man Sie in einer anderen Abteilung gern hätte, wird solch ein Wechsel dann oft verhindert. Es würde auch als Illoyalität verstanden und Ihnen schaden, wenn Sie hinter dem Rücken Ihres Chef aktiv werden. Er erfährt es sowieso.

So geht es besser: Wenn Sie meinen, dass ein interner Wechsel hilfreich wäre, gehen Sie das an, solange Ihre Beziehung zum Chef zumindest oberflächlich noch gut ist. Vielleicht finden Sie mit einer neutralen Erklärung (»Es wird für mich Zeit, mich mal wieder zu verändern«) sogar seine Unterstützung. Später hilft nur noch Offenheit: im Gespräch vorschlagen, dass es für alle vorteilhafter sein könnte, wenn Sie zukünftig an anderer Stelle im Unternehmen arbeiten.

Berufliche Alternativen schaffen

»Jeder ist ein Genie! Aber wenn Du einen Fisch danach beurteilst, ob er auf einen Baum klettern kann, wird er sein ganzes Leben glauben, dass er dumm ist.« Dieser Spruch, fälschlicherweise Einstein zugeschrieben, kursiert seit Jahren durchs Internet. Er vereinfacht stark, hat aber einen wahren Kern: Wer in seiner eigenen Kategorie antritt, hat höhere Erfolgschancen. Die Springer gehen ja auch nicht zum Turmspringen, die Kugelstoßer nicht zur Gymnastik.

So empfiehlt es sich langfristig auch für Sie, einen passenderen Kampfplatz für Ihre Qualitäten zu finden: einen Arbeitgeber, der Ihnen entspricht und bei dem Sie zeigen können, was Sie wirklich draufhaben. Halten Sie sich daher nicht zu lang mit Vorwürfen und Enttäuschung auf, sondern erkunden Sie berufliche Alternativen. Das sollte eine Priorität sein, also eine geplante und fortlaufende Aktivität innerhalb Ihrer aktuellen Arbeitswoche, kein zaghafter Einzelversuch.

Was Sie nicht tun sollten: sich nur auf Stellen bewerben, die eine deutliche Verbesserung zu Ihrer bisherigen Position darstellen würden. Das führt typischerweise zu sehr wenigen Bewerbungen (z. B. nur einmal im Quartal). Außerdem wollen alle ebenso diese eine Traumstelle. Ihre Chancen wären damit relativ gering und Sie würden unnötig viel Zeit verlieren. Ebenfalls ungünstig: es wegen Ihrer Belastung immer wieder zu verschieben, Ihr Netzwerk auszubauen.

So geht es besser: Bewerben Sie sich so aktiv, als hätten Sie aktuell keine Arbeit. Ideal wären sechs bis zehn Bewerbungen pro Monat. Damit werden Sie automatisch flexibler, überdenken ganz verschiedene Möglichkeiten. Für die Kontaktpflege sollten Sie eine Stunde pro Woche fest einplanen: ehemalige Kollegen, flüchtige Branchenbekannte, potenzielle Arbeitgeber anschreiben, anrufen, auf einen Kaffee treffen. So erfahren Sie oft von Jobs, die (noch) gar nicht ausgeschrieben sind, können sich früh empfehlen und deren HR umgehen. Wer seinen Lebenslauf direkt dem zuständigen Bereichs- oder Abteilungsleiter mailen kann, weil er ihn zumindest flüchtig kennt, ist bereits im Vorteil. Er ist nicht mehr einer der vielen, oft völlig unbekannten Bewerber, die nach formellen Kriterien von der Personalabteilung vorab bewertet werden. Kommt Ihre Bewerbung »von oben« ins HR, ist das schon eine unausgesprochene Empfehlung.

Schon motiviert

Bereits der Gedanke an einen kommenden Wechsel befreit, auch wenn noch nicht klar ist, wohin Sie schlussendlich gehen werden. Allein schon die Vorbereitung – Bewerbungen, Kontaktpflege, Vorstellungsgespräche, Verhandlungen – lenkt Sie von aktuellen Problemen ab, nimmt ihnen ein wenig von ihrer Bedeutung. Sie arbeiten bereits an Ihrem Exit, jeder neue Ärger motiviert Sie dann zusätzlich dazu. Sie könnten sogar Ihre Kündigung schon einmal vorschreiben, um das Gefühl vorzuempfinden, wie es sein wird, wenn Sie sie einmal mit dem aktuellen Datum ausdrucken, unterzeichnen und Ihrem Chef zur Gegenzeichnung vorlegen.

Wertvolle Erfahrung

Die Erfahrung, dass ein Arbeitgeber kulturell, weltanschaulich oder politisch nicht gepasst hat, ist unangenehm und anstrengend, aber letztendlich wertvoll. Sie haben in eine Welt geschaut, bei der Sie erkannt haben, dass sie nicht Ihre ist, und mehr über Ihre eigenen Werte und Überzeugungen gelernt. Das sensibilisiert Ihre Wahrnehmung für Ihre nächste Arbeitsstelle. Sie wissen, worauf Sie neben Aufgaben, Inhalten und Gehalt achten werden: auf die Vorstellungen und Kultur des Unternehmens – und ob Sie zusammenpassen. So ist solch eine Karrierephase, dauert sie nur wenige Monate oder auch mehrere Jahre an, kein Scheitern und ebenso keine völlig verlorene Zeit. Auch Ihren Chef aus diesem nicht ganz einfachen Abschnitt Ihres Lebens werden Sie mit etwas Abstand versöhnlicher sehen. Ihm nicht mehr nachtragen, was Sie heute vielleicht noch ärgert, vielleicht sogar vergeben. Er hat in diese Welt gepasst und ist möglicherweise noch immer da. Sie nicht. Für Sie hat das Leben ein anderes Umfeld vorgesehen, in dem Sie sich besser und nach Ihren Eignungen und Neigungen entwickeln können. Entdecken Sie es, erobern Sie es sich, und geben Sie nicht auf, auch wenn der Übergang nicht ganz einfach ist.

Nach neuen Prioritäten leben und arbeiten

Kein Arbeitgeber kann alle Erwartungen erfüllen. Aber Sie dürfen für sich entscheiden, was für Sie ab sofort zwingend ist, was wünschenswert – und was keinesfalls mehr geht. Dazu gehört, wie sehr ein Unternehmen zukünftig über Sie bestimmen dürfen soll, soweit es über die reine Arbeit hinausgeht. Dabei gibt es zwei Wege: Ein Arbeitgeber, bei dem Sie einfach nur Ihren Job machen können und ansonsten Ihre Ruhe haben. Oder einer, der sich breiter engagiert, aber dann in Ihrem Sinne. Mit dieser Einstellung sehen Sie manche Aufgeregtheit und Streiterei anderswo gelassener: Ihre Kämpfe sind das nicht mehr und Sie lassen sich nicht mehr gegen Ihren Willen hineinziehen.

ARBEITEN, WIE ES ZU IHNEN PASST

Inzwischen gilt es fast als Revolution, wenn man einfach nur seinen Job machen will, ohne immer gleich die Welt zu retten und mit allen befreundet zu sein. Wenn es Sie antreibt, sich für etwas zu engagieren, ehrt Sie das. Wenn Sie Ihre Ruhe haben wollen und auf Moralpredigten vom Chef gut verzichten können, ist das ebenso erlaubt. Ihr Einsatz für mehr persönliche Freiheit und solide Arbeit im Job sind auch bereits Beiträge dafür, dass die Welt insgesamt besser wird.

Der perfekte Arbeitgeber ist mit derselben Methode zu finden wie der ideale Ehepartner: mit der Bereitschaft zu Kompromissen, wenn es grundsätzlich passt. Es zahlt sich langfristig nie aus, sich aus pragmatischen Überlegungen auf etwas einzulassen, das Sie eigentlich ganz anders wollen. Arbeiten, wie es zu Ihnen passt, befreit Sie von unnötiger Negativität.

Sie müssen nicht mehr gegen das sein, was andere wollen. Sondern können für das sein, was Sie wollen.

Sie fühlen sich nicht mehr belehrt, sondern hören selbst interessiert zu und wollen mehr erfahren. Sie empfinden sich nicht mehr als von anderen zu etwas gezwungen, wenn auch hinter einem Lächeln versteckt, sondern ermuntert und ehrlich angenommen. Wenn Sie diesen Platz gefunden haben, wissen Sie, dass Sie da angekommen sind, wo Sie hingehören.

ÜBER DEN AUTOR

Attila Albert, geboren 1972, ist Kommunikationsexperte, Coach und Autor. Mit 17 begann er als Reporter zu arbeiten, schrieb seitdem für namhafte Medien im In- und Ausland und ist bis heute als Kolumnist tätig. Er studierte Betriebswirtschaft, Webentwicklung und absolvierte eine Coaching-Ausbildung in den USA. Für einen Schweizer Industriekonzern betreute er die globale Marketing-Kommunikation. Er lebt seit 2013 in Zürich.

LITERATUREMPFEHLUNGEN

Baum, Tanja: *Die Kunst, freundlich Konflikte zu lösen: Liebenswürdig und lösungsorientiert in Beruf und Alltag.* Redline Verlag, München 2006

Bock, Laszlo: *Work Rules! Wie Google die Art und Weise, wie wir leben und arbeiten, verändert.* Vahlen Verlag, München 2016

Cammarata, Patricia: *Raus aus der Mental Load-Falle: Wie gerechte Arbeitsteilung in der Familie gelingt.* Beltz Verlag, Weinheim 2020

Gross, Stefan F.: *Beziehungsintelligenz: Wie Sie im Berufsleben Freunde und Verbündete gewinnen.* Redline Verlag, München 2010

Krogerus, Mikael und Tschäppeler, Roman: *Das Kommunikationsbuch: Wie man sich besser verständigt.* Kein & Aber Verlag, Zürich 2017

Kunde, Jesper: *Corporate Religion: Bindung schaffen durch starke Marken.* Gabler Verlag, Wiesbaden 2000

Lüdemann, Carolin: *Schlagfertigkeit für Frauen: Schnell, angemessen und intelligent.* Redline Verlag, München 2009

McKeown, Greg: *Effortless: Wie man sich mühelos auf das Wichtigste konzentriert.* Redline Verlag, München 2021

Naujoks, Helmut: *Kündigung von »Unkündbaren«: Wie Arbeitnehmer ihre Arbeitgeber sabotieren.* Management & Karriere Verlag, Düsseldorf 2010

Pflügler, Sebastian: *Mitarbeiter führen in der digitalen Ära: Wie man digitale Effizienz und Menschlichkeit in Zeiten von Homeoffice und New Work verbindet.* Redline Verlag, München 2021

Voss, Chris und Raz, Tahl: *Kompromisslos verhandeln: Die Strategien und Methoden des Verhandlungsführers des FBI.* Redline Verlag, München 2017

Wehrle, Martin: *Bin ich hier der Depp? Wie Sie dem Arbeitswahn nicht länger zur Verfügung stehen.* Goldmann Verlag, München 2013